Tolérant Lubalega

Contaminação por metais na zona de Lubumbashi

AF293206

Tolérant Lubalega

Contaminação por metais na zona de Lubumbashi

ScienciaScripts

Imprint

Any brand names and product names mentioned in this book are subject to trademark, brand or patent protection and are trademarks or registered trademarks of their respective holders. The use of brand names, product names, common names, trade names, product descriptions etc. even without a particular marking in this work is in no way to be construed to mean that such names may be regarded as unrestricted in respect of trademark and brand protection legislation and could thus be used by anyone.

Cover image: www.ingimage.com

This book is a translation from the original published under ISBN 978-613-8-40715-7.

Publisher:
Sciencia Scripts
is a trademark of
Dodo Books Indian Ocean Ltd. and OmniScriptum S.R.L publishing group

120 High Road, East Finchley, London, N2 9ED, United Kingdom
Str. Armeneasca 28/1, office 1, Chisinau MD-2012, Republic of Moldova, Europe
Printed at: see last page
ISBN: 978-620-5-99833-5

Copyright © Tolérant Lubalega
Copyright © 2023 Dodo Books Indian Ocean Ltd. and OmniScriptum S.R.L publishing group

ÍNDICE DE CONTEÚDOS

AGRADECIMENTOS

O homem é o resumo da sua história.

Temos hoje o dever de agradecer às três universidades (UNILU, ULB, FSAGx) que consideraram útil organizar o ensino do diploma avançado em Biologia Vegetal e Ambiente na Faculdade de Ciências Agrárias da UNILU no âmbito do projecto PIC REMEDLU com o apoio financeiro do CUD da Bélgica, sem o qual não poderíamos lançar a âncora hoje

Gostaria de agradecer especialmente ao Professor Gilles Colinet, promotor e orientador deste estudo, que nos permitiu aprender com ele.

Os meus agradecimentos vão especialmente para os Professores Pierre Meerts que soube tomar uma decisão adequada e correcta para o meu progresso neste programa e Michel Ngongo que me encorajou a avançar para um ideal. Jean Lejoly, Jan Bogaert, Gregory Mahy, Nathalie Verbruggen, Léopold Ndjele, Bavueza e Honoré Kiatoko que tiveram o cuidado de nos conduzir até ao fim desta formação. A toda a equipa da Faculdade de Ciências Agrárias da UNILU. Aos estudantes de doutoramento Mylor Shutcha, Mpundu Mubemba, François Munyemba, Nyembo Kimuni, Mukalay Mwamba, Michel Mazinga e Donat Kaya. A todos vós, meus colegas "os 12 apóstolos".

Para ti, minha querida esposa Fifi Kayembe Lubalega.

A vós, meus filhos, Candide Lubalega Kiese, Destiné Matondo Lubalega e Harmony Lubalega Luzolo. Pelo seu apoio moral, material e espiritual, que encontrem aqui a expressão do nosso sincero agradecimento.

Gostaria de expressar os meus sinceros agradecimentos às famílias Kayembe Kabi, Khang Mate, Ilaka e Lubalega Kimbamba; não esqueço todos aqueles que, de longe e de perto, me apoiaram e encorajaram a perseverar nesta investigação.

RESUMO

A degradação ambiental que provocou o desaparecimento da vegetação no distrito de Penga Penga (Gécamines) constitui um verdadeiro problema na gestão quotidiana do ambiente. Os efeitos dos metais vestigiais em quantidades excessivas neste solo são considerados antropogénicos e a proximidade do bairro à fonte de contaminação foi um factor determinante para a acumulação do solo no local do depósito, devido aos ventos dominantes.

As térmitas do distrito de Penga-Penga e as da vizinhança de Kassapa foram utilizadas para quantificar elementos traço metálicos, nomeadamente por métodos de análise físico-química de variáveis como pH, granulometria, Cu, Co, Pb, Zn e Cd. A listagem da flora presente nas térmitas vermelhas e amarelas foi utilizada para detectar a contaminação pela presença de espécies indicadoras de solos poluídos; a origem antrópica destes metais vestigiais seriam as fábricas de extracção metalúrgica de Gécamines. Os elementos climáticos (vento e chuva) estão envolvidos na redistribuição dos metais vestigiais que foram libertados pela chaminé de Gécamines. Experiências biológicas realizadas em vasos e sacos de plântulas em solos retirados de termiteiras vermelhas e amarelas contribuíram para a avaliação e o impacto das termiteiras na determinação da contaminação. Os casais de barlavento e sotavento, numa abordagem comparativa, mostraram teores disponíveis diferentes, indicando a gravidade dos elementos climáticos que amplificam os fenómenos ou processos de erosão e escoamento durante o escoamento superficial e provocando a movimentação de TMEs no solo.

INTRODUÇÃO GERAL

Nos arredores de LUBUMBASHI, a contaminação por metais parece ser um problema crucial. As emissões atmosféricas libertadas pela chaminé da fábrica Gécamines deterioraram o ambiente e os diversos contaminantes acumulados à superfície numa vasta área nas imediações da fábrica são redistribuídos e provocam a contaminação de toda a paisagem. A alteração do ambiente no bairro de GECAMINES reflecte-se na ausência de vegetação ou na sua distribuição em mosaicos ou ilhas de vegetação (DUVIGNEAUD, 1958).

As térmitas, fazendo parte dos ecossistemas de Lushanian, foram provavelmente contaminadas pelas partículas libertadas pela chaminé e, dependendo da orientação dos ventos dominantes, as suas faces devem mostrar diferentes concentrações de poluentes. Tal como assinalado por DIKUMBWA (1991), os ventos dominantes são de sudeste (ventos alísios do Mascarenhas) na estação seca. Possivelmente de nordeste (monção indiana), o vento alísio desviado de Santa Helena dá um fluxo oeste-noroeste na estação das chuvas (monção por assimilação). É por isso que investigámos pares de faces de barlavento e sotavento para verificar esta hipótese.

A gestão da contaminação por metais pesados na zona de Gécamines exige um diagnóstico exaustivo do solo. É nesta perspectiva que se situa a avaliação da contaminação das termiteiras da zona do cemitério de Gécamines.

O objectivo deste estudo é o de compreender melhor a contaminação do sítio de Gécamines por metais vestigiais e, em particular, a sua distribuição nas termiteiras situadas nas proximidades do cemitério de Penga PENGA. Tem também como objectivo contribuir para melhorar a caracterização dos solos da parte do sítio de Gécamines que constitui a nossa área de estudo. Este estudo permitirá fornecer ao meu país os dados necessários para estabelecer um estado do ambiente e possíveis recomendações para as autoridades do país.

Para além da introdução, o nosso estudo é composto por quatro capítulos - (i) uma revisão da literatura, (ii) os objectivos do nosso estudo, (iii) o enquadramento e os materiais e métodos, (iv) os resultados - e uma conclusão.

SINTESE BIBLIOGRAFICA

1.1 I.1 TMEs nos solos

1.1.1 Origens dos conteúdos do solo

De acordo com CHASSIN *et al* (1996), as origens dos metais vestigiais nos solos são o fundo geoquímico, os depósitos atmosféricos, as fertilizações e os estrumes. O fundo geoquímico constitui o património mineralógico através da transformação dos minerais primários, com a formação de elementos secundários (nomeadamente argilas), que no seu conjunto constituem o complexo de alteração (DUCHAUFOUR, 1994). Os aportes exteriores ao sistema resultam de actividades industriais periurbanas (queda de fumos), da agricultura (utilização de pesticidas e fungicidas) (MARSHNER, 2002), ou de processos naturais (vulcanismo, etc.).

De acordo com ASHER, 1978 citado por MARSCHNER, (2002) a concentração de metais pesados, incluindo Cu, Zn, Co, Pb, etc., na solução do solo varia muito e depende dos seguintes factores: - pH, potencial redox, profundidade do solo, quantidade de matéria orgânica incorporada no solo e capacidade de troca catiónica. A acção do homem é um factor importante, pois este pode aumentar consideravelmente o teor de metais através de tratamentos anti-criptogâmicos efectuados nas plantas cultivadas. (AUBERT & PINTA, 1971).

1.1.2 Relações solo-planta

As plantas têm uma capacidade limitada de absorção dos elementos minerais necessários ao seu crescimento. Elas também absorvem outros elementos minerais que não são essenciais para o crescimento, mas que podem tornar-se tóxicos se excederem um certo nível de assimilação. É o caso dos metais pesados: Co; Cu; Zn; Pb; Cd; Ni e Cr (MARSCHNER, 2002). A elevada quantidade destes metais pesados no solo coloca um problema de fitotoxicidade para as plantas, especialmente na nossa região onde o fundo geoquímico é rico e os teores de metais são elevados. Uma elevada absorção de cobre é tóxica, apesar de o cobre, por exemplo, desempenhar um papel biológico importante na regulação de proteínas no processo de fotossíntese durante o transporte de electrões como cofactor (YRUELA, 2005).

Segundo VERGER1992, citado por DUCHAUFOUR, 1994, as plantas indicadoras de metais pesados não têm teores de metais uniformemente correlacionados com os teores do solo; cada espécie responde de forma específica. Uma planta indicadora não é, portanto, necessariamente um agente de concentração do elemento cuja presença ela indica (FAUCON *et al*, 2007). Algumas espécies vegetais acumulam grandes quantidades de metais nos seus sistemas e são, por isso, qualificadas como hiperacumuladoras de metais pesados (MACNAIR, 2003), ao passo que a investigação recente aconselha a utilização do termo indicador para a maior parte das espécies há muito consideradas hiperacumuladoras de metais pesados.

1.1.3 Destino dos metais vestigiais no solo

É de notar que os metais vestigiais não são apenas fitotóxicos, mas a sua acumulação nas plantas ou o seu arrastamento para as águas subterrâneas ou superficiais são susceptíveis de contaminar toda a cadeia trófica ao longo do tempo (DUCHAUFOUR, 1994). Os TME podem alterar as paisagens e o ambiente, perturbando os ciclos biogeoquímicos (MASHHADI *et al,* 2006)

O solo desempenha um papel na imobilização de metais vestigiais. A mobilidade dos TME é a sua capacidade de se deslocarem para compartimentos do solo onde são cada vez menos retidos energeticamente (Juste, citado por COLINET, 2003). O conceito de migração implica, para além da mobilidade, uma dimensão de deslocação física. Como as TME não são biodegradáveis nos solos, as emissões elevadas e os depósitos durante longos períodos de tempo podem levar à acumulação à superfície. BAIZE, 1998 coloca a seguinte questão: haverá uma migração rápida para o lençol freático profundo ou para as águas superficiais, por escoamento superficial? Será de recear o efeito de "bomba-relógio" a médio ou longo prazo? Será possível uma libertação súbita após um longo período de acumulação sob a influência de uma alteração ambiental importante? A acumulação progressiva e indefinida de metais terá efeitos nocivos a médio prazo (50-200 anos) através da transferência de metais para as plantas e depois para os animais e, por conseguinte, para os seres humanos. Os metais vestigiais presentes no solo não são biodegradáveis, pelo que persistem durante muito tempo nos meios onde são libertados. Podem intervir muitos factores de redistribuição, provocando assim a migração nos ecossistemas. Os metais vestigiais apresentam um risco de toxicidade para os seres vivos e para o homem através da cadeia alimentar.

O custo da descontaminação é geralmente elevado e é frequentemente uma função directa do volume e da gravidade da contaminação, daí a necessidade de caracterização (DELAGE, 2005). Várias técnicas são utilizadas para a descontaminação, nomeadamente: fitorremediação, fitoestabilização, fitoextracção e rizofiltração (DELAGE, 2005). A fitorremediação é uma técnica que consiste em utilizar plantas para tratar solos, sedimentos ou águas subterrâneas contaminados. Envolve uma variedade de mecanismos, incluindo a absorção directa, a excreção de exsudados e metabolitos e a estimulação da rizosfera para promover processos bacterianos e fúngicos. A fitoremediação aplica-se a todos os processos biológicos, químicos e físicos que são influenciados pelas plantas e que contribuem para a remoção de poluentes (ITRC, 1997).

1.1.4 Ecotoxicidade do cobre

O caso do cobre é complexo, existe como Cu^{2+} e Cu^{+} e em ambas as formas ionizadas reage com outras substâncias químicas formando quelatos; actuando na estrutura do solo (HALL & LORRAINE, 2003)

1.1.4.1 Sintomas

Segundo DUCHAUFOUR, 1994, a maior parte dos oligoelementos essenciais às plantas podem, quando absorvidos em grandes quantidades, tornar-se tóxicos muito rapidamente. Esta propriedade distingue-os dos elementos maiores, que podem ser consumidos luxuosamente sem causar qualquer efeito tóxico na planta. A toxicidade devida a um excesso de cobre nas plantas exprime-se muito rapidamente por sintomas de toxicidade, nomeadamente :

* levantamento irregular ;

* desenvolvimento mais lento ;

* inibição do alongamento das raízes ;

* atrofia do sistema radicular ;

* O cobre desempenha um papel citotóxico na indução de stress, causando assim um atraso no crescimento das plantas (MASHHADI *et al*, 2006)

* certas alterações morfológicas que resultam na inibição do alongamento lateral na formação das raízes

* mau cheiro do ambiente,

* redução da biomassa e modificação da pigmentação devido à redução da clorofila (YRUELA, 2005),

Estes sintomas de toxicidade aparecem a valores de pH inferiores a 6 logo que o teor de cobre permutável por acetato de NH_4 excede 25mg/kg em solos arenosos (DUCHAUFOUR, 1994) e 100mg/kg de solo em solos argilosos (DUCHAUFOUR, 1994).

Como o cobre permanece bloqueado nas raízes, o diagnóstico por análise das partes aéreas é muito difícil. O método de luta mais eficaz é a calagem, mas quando a acumulação é demasiado grande, é preciso recorrer também a adições maciças de matéria orgânica que bloqueiam o cobre ou, pelo contrário, favorecem o seu arrastamento em profundidade DUCHAUFOUR, 1994. Em quantidades excessivas, o cobre actua como um grande gerador de ROS " reagentes de oxigénio O_2, H_2O_2 que podem danificar as plantas se não forem eliminados; na planta (VERBRUGGEN.N, 2008) As plantas que vivem em ambientes contaminados com metais pesados e especialmente com cobre desenvolvem um outro mecanismo de resposta à toxicidade, que é a tolerância genotípica.

1.1.4.2 Mecanismos de tolerância ao cobre.

As plantas apresentam uma tolerância genotípica diferente ao cobre e a outros metais pesados. Este facto é bem conhecido em certas espécies no ecótipo natural (MARSCHNER, 2002). Sabe-se também que nas zonas mineiras, em particular, se estabelece uma flora metalófita baseada em metalófitos tolerantes a metais pesados. Este facto é também função das condições climáticas, das perdas ocasionais nos locais de acumulação de rejeitados e das suas origens (DIATTA *et al*, 2000).

Existe uma co-tolerância destas espécies não cultivadas a estes metais pesados (MARSCHNER,

2002).

Os principais mecanismos de tolerância ao cobre são apresentados na Figura 1. São eles

(1)   Influxo maciço para a membrana citoplasmática

(2)   Restrição do fluxo de entrada através da membrana plasmática ;

(3)   Efluxo activo ;

(4)   Compartimentação no vacúolo ;

(5)   Quelação na interface da membrana plasmática da parede celular ;

(6)   Quelação no citoplasma.

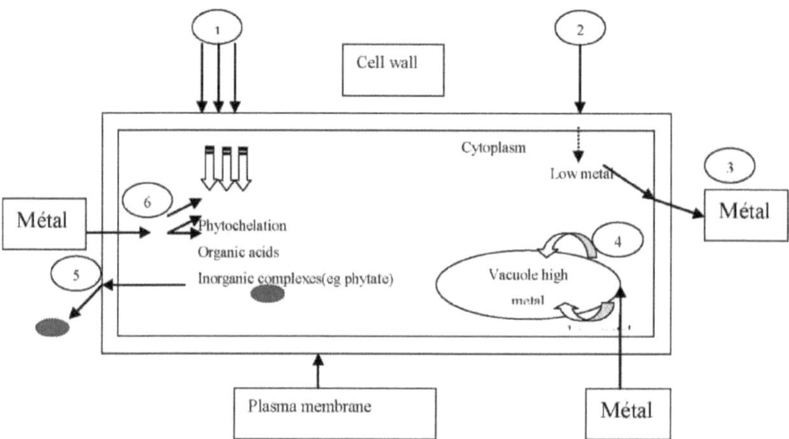

1.1.4.3   Deficiência de cobre.

Ao contrário das situações de excesso, as carências podem manifestar-se através dos seguintes sinais:

>   Clorose, necrose, descoloração das folhas, inibição do crescimento das raízes

>   Alterações morfológicas nas plantas ;

>   As folhas tenras pendem dos caules das plantas,

>   Redução do Sistema Fotográfico I (PSI) (YRUELA, 2005)

O aumento do pH e o elevado teor de matéria orgânica são desfavoráveis à solubilidade do cobre, mas as deficiências de cobre são mais prováveis de serem encontradas em solos com baixo teor de

8

cobre total. Seja qual for o solo, o teor de cobre diminui sempre com a profundidade, o que significa que este elemento se fixa no horizonte superficial. GAULTIER et al, 2004.

Termiteiras em Katanga

MALAISSE, 1998 salienta que as termiteiras altas constituem pequenas entidades dentro da floresta aberta, conhecida como MIOMBO, QUE SÃO consideradas um sub-ecossistema particular.

1.1.5 Definições

Uma termiteira é uma estrutura biogénica feita por seres vivos que formam a parte de nidificação das muitas espécies de térmitas. Algumas térmitas constroem ninhos nas árvores com um material constituído por celulose e lenhina da madeira digerida, por vezes mais ou menos ligado a partículas de terra. São de facto muito resistentes ao vento e à chuva das regiões tropicais e ao calor do sol. Construídas e mantidas pelas térmitas, destinam-se à ventilação passiva e à manutenção de uma temperatura e de uma higrometria óptimas para o ninho (MALDAGUE, 2002), As térmitas são insectos da ordem Isoptera, subordem Fantanella, da família Termitidae. O género Macrotermes apresenta uma diversidade de espécies das quais a espécie falciger é específica do Katanga (MALAISSE, 1998).

1.1.6 Construção de cupinzeiros

As térmitas fazem parte da fauna dos solos tropicais e desempenham um papel importante na decomposição da matéria orgânica, provocando assim um curto-circuito no processo de humificação. São particularmente numerosas e diversificadas nas regiões mais quentes do mundo e constroem ninhos de vários tipos e aspeto. As térmitas necessitam de água e de material fino tipo argila; consomem uma grande parte da produtividade vegetal e favorecem mais frequentemente a mineralização dos detritos vegetais do que a sua humificação. O material de construção da termiteira é uma argamassa dura e duradoura que os trabalhadores fabricam misturando a sua saliva com terra. O aspecto mais extraordinário da arte de construção das térmitas é o arejamento contínuo da termiteira combinado com uma argamassa a níveis constantes de calor e humidade internos. Distinguem-se as construções resultantes de uma adição contínua de material como é o caso das térmitas cubitérmicas e as construções resultantes de uma reorganização permanente como é o caso das térmitas Macroterminaeici, a térmita inicialmente subterrânea acaba por ser epigenética, mantendo o mesmo plano de organização ao longo do seu desenvolvimento (NOIROT, 1962).

A construção é extremamente variada. As térmitas de madeira seca vivem na madeira e alimentam-se dela com a ajuda de numerosos protozoários intestinais. Os Macroterminae de África constroem as suas térmitas gigantes depositando grãos de areia que cimentam com uma argamassa à base de saliva. Transportam os grãos de areia nas suas mandíbulas e o cimento de argila no seu papo. Outras térmitas utilizam os seus excrementos, mais ou menos fluidos, para cimentar os elementos do solo. Este comportamento de construção foi observado e a extensão da deposição de excrementos varia muito em diferentes partes dos cupinzeiros; os excrementos são também muito mais grosseiramente dispostos nas galerias do que nas paredes (LEE et al ,1971).

As térmitas gigantes, conhecidas como "termiteiras altas", são construídas com uma argamassa constituída por elementos de argila embebidos em saliva e preenchidos com areia fina ou média (quartzo, micro-concreções ferruginosas ou pseudo-areia). A quantidade de material grosseiro varia consoante a parte do ninho considerada. As paredes destes cupinzeiros têm uma textura mais arenosa do que as diferentes zonas habitáveis; a parte real é muito argilosa (LEE et al, 1971) indicam que, entre as térmitas com um grande cupinzeiro epígeo, as Macrotermes representadas principalmente em África são as que incorporam menos excrementos nos seus materiais de construção. A energia despendida para cobrir a necessidade de materiais argilosos finos para a construção do ninho é maior em solos arenosos e as térmitas podem ter de procurar materiais argilosos longe e em profundidade.

Os materiais de construção utilizados são, por conseguinte, :

> Solo retirado de diferentes profundidades;

> Madeira e outros materiais lenhosos ou celulósicos;

> A saliva como cimento ;

> Estercorais.

1.1.7 Classificação das térmitas

Vários critérios podem ser utilizados para classificar as termiteiras altas. A espécie de construção constitui uma primeira abordagem diferencial. Um estudo realizado por RUELLE, 1969, indica que os grandes edifícios de térmitas encontrados em África são construídos por *Macrotermes subhyualinus* (distribuição pan-etiópica excepto África do Sul e República Democrática do Congo), *M. natalensis (distribuição* meridional), *M. bellicosus* (Uganda, África Central e Ocidental) e, finalmente, *M. falciger* (anteriormente *M. goliath*), o construtor regular de túmulos gigantes típicos da região de Katanga e da África Oriental.

Uma segunda distinção baseia-se na presença ou ausência de térmitas no interior da termiteira, o que se reflecte na construção de estruturas que podem assumir várias formas. As térmitas constroem uma chaminé que se eleva progressivamente e que encima uma cúpula resultante da sua erosão parcial. Quando a termiteira alta é abandonada pelas espécies construtoras e outras térmitas a ocupam, a chaminé central sofre erosão, desmorona e é substituída por cúpulas laterais menos espectaculares. Utilizaremos os termos "termiteiras activas primárias" e "termiteiras activas secundárias" para distinguir estes dois tipos. A actividade das térmitas pode ainda reflectir-se no estabelecimento de numerosos montes no interior do monte. A ausência de actividade pode ser recente ou antiga. O montículo, com o seu relevo bem individualizado no início, espalha-se progressivamente com a idade da deserção. Falaremos de "termiteiras mortas" e de "termiteiras fósseis" para caracterizar estes dois últimos aspectos.

Outro sistema de classificação para termiteiras altas usa a formação vegetal em que se encontram. Assim, Fanshawe 1969 *em* Malaise, 1998 distingue cinco tipos de habitat: miombo, kalari, mopane, munga e ripicole. No Katanga, os habitats são a floresta clara de miombo, a floresta seca densa ou muhulu e as estações de solo hidromórfico.

Um critério pedológico é proposto por ALONI, 1995, que utiliza a estrutura, a natureza do leito rochoso subjacente, o teor de argila do solo, o tamanho dos montículos, o valor dos declives e a densidade por hectare. Para o Katanga, considera quatro tipos de solos para os quais a silhueta da termiteira é bastante diferente: solos areno-argilosos vermelhos, solos areno-argilosos vermelhos, solos areno-argilosos e solos arenosos.

Finalmente, a fitossociologia da vegetação termofílica pode também servir de base de trabalho. Foi referido que os grupos vegetais estabelecidos em termiteiras altas variam de acordo com as suas condições ecológicas e podem ser utilizados para os caracterizar (SCHMITZ, 1962).

1.1.8 Distribuição e densidade dos cupinzeiros

MALAISSE, 1998 relata que as termiteiras são encontradas espalhadas pela Zâmbia onde quer que o solo não seja areia pura, enquanto WOOD, 1960 observa uma maior frequência em savanas arborizadas e formações periodicamente inundadas para o distrito de Busonga do Uganda. WHITE, 1965 diz que as termiteiras altas podem ser encontradas em algumas outras formações, tais como savanas arborizadas ou degradadas, florestas secas densas, mas que ocorrem mais frequentemente em florestas abertas no Katanga. As térmitas pontiagudas podem atingir 8 m de altura e 14-15 m de diâmetro na base. CUFONONTIS, 1955, discutindo o papel das térmitas na compreensão das savanas africanas, enfatiza a riqueza das térmitas na floresta aberta.

As termiteiras altas são numerosas. HESSE, 1955 considera que não é invulgar na África Oriental que o seu número exceda 3,7 por hectare. Para Katanga, SYS, 1957 estimou a sua densidade e relatou valores entre 2,7 e 4,9 ha^{-1} , ou seja, uma cobertura média de cerca de 6%.

1.1.9 Pedogénese e termiteiras

Segundo BACHELIER, 1977 as térmitas trazem para a superfície, e através de armaduras ou detritos de armaduras, os elementos finos que retiram das profundezas da zona de meteorização da rocha-mãe. Este processo pode levar à formação de novos solos. O desmantelamento das couraças, os arbustos que crescem sobre as antigas térmitas desmoronadas ou na orla das térmitas activas, levam ao recobrimento dos elementos grosseiros superficiais por elementos finos, camadas de entulho ou acumulações de cascalho, e teremos então perfis de solo em que devemos ter o cuidado de não considerar os diferentes horizontes como estando no lugar e resultando de processos essencialmente físico-químicos.

No Congo (R.D.C.), a formação dos mantos de entulho deve datar da fase paroxística do período subárido LEOPOLDVILLIANO, que sucedeu ao período quente e húmido NJILIANO; as coberturas datariam do fim do período subárido LEOPOLDVILLIANO, variando do início do actual período húmido KIBANGIANO. A idade máxima dos depósitos de cobertura poderia ser de cerca de 10.000 anos. A actividade máxima das térmitas seria num paleoclima mais seco, que é o clima actual (BACHELIER, 1977).

O impacto das térmitas nas propriedades do solo pode ser resumido da seguinte forma:

❖ Química : Enriquecimento em óxidos e hidróxidos dos horizontes superficiais após erosão das térmitas e rebentamento dos materiais; os teores de bases das térmitas são próximos dos dos materiais vegetais de que são compostas (MALDAGUE, 2002); BOYER, 1956 considera que as térmitas de *Bellicisitermes* rex têm uma influência que passa do solo no local para o periecto (zona envolvente da térmita) e depois para a parede e o interior, os elevados teores de sódio no interior parecem estar ligados aos contributos da saliva das térmitas;

❖ Mecânica: trituração e moagem por trabalhadores de materiais mais ou menos alterados, retirados das profundezas (BACHELIER, 1977)

❖ Mineralogia: SYS, 1957 sublinha que as grandes termiteiras por ele estudadas na região do Katanga contêm montmorilonite, ao passo que nos solos ferralíticos circundantes apenas se encontra caulinite;

❖ Físico: a porosidade do solo é influenciada pelas galerias subterrâneas que facilitam a penetração da água e do ar nos solos frequentemente muito densos; estas galerias contribuem para abrandar a erosão (GRASSE, 1959);

❖ Biológica: a riqueza das térmitas em micróbios mais activos do que os solos circundantes; as térmitas contêm mais microrganismos celulolíticos, amonificantes e desnitrificantes (Pseudomonas e denitrobactrobacillus spp.), facilitando assim as actividades biológicas, nomeadamente da pedofauna e da pedoflora (BACHELIER, 1974).

1.1.10 Características ecológicas das termiteiras

Do ponto de vista ecológico, são atribuídas às térmitas numerosas características, nomeadamente a xerofilia, a eutrofia, a mesofilia e mesmo uma certa hidrofilia. DUVIGNEAUD (1955) considera que a flora termófila das térmitas é de facto constituída por um mosaico de grupos ecológicos entre os quais as tendências xerófilas e eutróficas são dominantes (MALAISSE, 1976). A xerofilia, o carácter mais frequentemente mencionado (WILD, 1952; AUBREVILLE, 1957), deve-se ao elevado teor de argila das térmitas segundo DUVIGNEAUD1958, bem como à grande superfície de evaporação das térmitas (SCMITZ, 1971) e à fraca infiltração das águas pluviais na sequência da sua formação cónica (DINIZ et al, 1972). Em apoio da eutrofia, é de notar que as térmitas são constituídas por um solo com um pH mais elevado do que o do solo circundante (TROCHAIN, 1940; DUVIGNEAUD, 1958; FANSHAWE, 1956). Para além disso, a existência de concreções calcárias no centro das térmitas foi referida por vários autores (TROCHAIN, 1940;

MILNE, 1947; HESSE, 1955; DINIZ et al, 1972) e verificado por MALAISSE (1975).

2 OBJECTIVOS DO ESTUDO

2.1 Objectivo geral

O nosso trabalho é uma contribuição para o projecto REMEDLU, financiado pela Coopération Universitaire au Développement (Bélgica). No âmbito puramente pedológico, o objectivo geral é a avaliação e cartografia da contaminação metálica, principalmente na zona de Gécamines, perto do cemitério da PENGA PENGA. Este estudo complementa o trabalho efectuado pelos nossos antecessores no D.E.A. em Biologia Vegetal e Ambiente na UNILU (2006-2007).

Quantificar os poluentes para lançar um plano de descontaminação utilizando técnicas adequadas, como a fitorremediação no sentido mais lato, requer

- Compreender a contaminação por metais deste local e os factores de distribuição espacial;

- Analisar os mecanismos de dispersão e recirculação de contaminantes na paisagem do solo;

- Avaliação do risco de transferência de contaminantes na cadeia alimentar;

- Procurar soluções a curto prazo para revegetar áreas desnudadas.

2.2 Objectivos específicos

Neste contexto, os objectivos específicos do presente estudo são

- Melhorar a caracterização da distribuição espacial dos contaminantes na zona de Gécamines;

- fornecer argumentos para estabelecer um diagnóstico da ecotoxicidade dos solos de Lubumbashi.

Este trabalho centrar-se-á principalmente nos solos das termiteiras. Estamos interessados no impacto que os contaminantes metálicos possam ter tido nas propriedades dos solos das termiteiras.

AMBIENTE, MATERIAIS E MÉTODOS

3.1 Ambiente

3.1.1 A cidade de Lubumbashi e o local de estudo (MALAISSE, 1997)

Lubumbashi e os seus arredores estão situados a uma altitude média de 1.224m. As suas coordenadas geográficas são 11°40' Sul e 27°8' Este. O enquadramento eco-climático desta região é bem conhecido, assim como o bioma particular que a domina, nomeadamente a floresta clara (MALAISSE, 1997).

O nosso local de estudo situa-se no cemitério dos Gécamines, conhecido como Penga Penga, na comuna de Lubumbashi. Para que conste, a primeira pessoa a ser enterrada neste local foi o chefe tradicional Penga Penga, no topo de um alto monte de térmitas, que hoje serve de marco. Em relação às fábricas da Gécamines, estamos localizados a cerca de 3.000 m da chaminé da Gécamines, no cone de contaminação sob os ventos predominantes de nordeste. A Gécamines possui uma fundição eléctrica para o processamento de cobre, cuja chaminé liberta partículas para a atmosfera. Esta instalação de sinterização e fundição produz um mate de cobre com cerca de 70% de cobre e uma escória rica em cádmio e outros metais. A escória de Lubumbashi é sintomática da intensa actividade mineira em Katanga. Inicialmente, estas instalações produziam cobre blister a partir de minério concentrado com um teor de cobre de cerca de 5%. A fábrica esteve encerrada de 1993 a 1999. Desde então, a fábrica foi convertida numa fábrica de mate. Estão em curso trabalhos de concepção para a instalação de um segundo forno eléctrico, bem como a reabilitação de um conversor que poderá transformar o mate produzido em blister. As escórias produzidas pela fábrica da Gécamines são processadas pela fábrica vizinha, a S.T.L (Société de Traitement du Terril de Lubumbashi), que faz parte de um consórcio do grupo Gécamines-Forest-OM). A escombreira fornece actualmente 5.000 toneladas de cobalto, 3.500 toneladas de cobre e 15.000 toneladas de zinco por ano

(http: //www.forestgroup.com/fr/stl/stl.html). A chaminé apresenta fissuras e o sistema de tratamento de gases já não está operacional. Em tempos, a chaminé foi equipada com um ventilador e um silenciador, mas este equipamento parece já não estar em bom estado de funcionamento e não existem medidas de protecção contra a contaminação do ar ambiente ou das principais fontes de emissão.

3.1.2 O clima

KOPPEN, na sua classificação climática, considerou que o tipo CW6, que define climas quentes temperados chuvosos onde a temperatura média no mês mais frio se situa entre +8,1°C e -3°C, e a precipitação total no mês mais seco é igual ou inferior à precipitação total no mês mais húmido, caracteriza Lubumbashi.

A amplitude térmica anual aumenta à medida que se avança para sul. A amplitude térmica diurna é mais acentuada no sul do que no norte. A altitude influencia a temperatura, que é em média de 24°C no norte e 20°C no sul, com uma pluviosidade que varia de 1200mm a 1300mm de um ano para o outro.

3.1.3 Solos

Os solos de Lubumbashi pertencem à categoria dos Oxisols, conhecidos como Ferralsols sobre rochas indiferenciadas (INEAC, 1960). SYS e SCHMITZ (1959) dizem que são *solos ferralíticos desnaturados de cor vermelha, ocre ou amarela, consoante a posição topográfica,* bem drenados, com um pH da água que varia entre 5,0 e 5,5. A vegetação é o resultado de uma longa evolução condicionada pela acção do homem, do bioclima e do solo ao longo dos tempos passados e presentes.

SYS e SCHMITZ (1959) consideraram que a unidade básica de classificação dos solos em Lubumbashi é a série. Esta representa um grupo de solos com horizontes diferenciados cujas características pedológicas e perfis diferem grandemente. As diferentes séries de solos encontradas na área de Lubumbashi pertencem às categorias de solos zonais, intra-zonais e azonais.

Um exame pormenorizado de vários perfis na zona de alteração superficial até ao leito rochoso mostra a mesma sucessão para todos os perfis zonais: o horizonte de sobrecarga, o horizonte de seixos, por vezes laterítico, e a argila variegada correspondente à rosa variegada de Beugnies. A sobrecarga, material de origem dos solos zonais, é de formação alóctone e é considerada como um manto coluvial que sofreu um retrabalhamento eólico. A sobrecarga é subdividida em :

☐ Grupo A (depósitos provenientes dos produtos de meteorização das rochas sinclinais e dos xistos da série Mwashya)

☐ Grupo B (depósitos provenientes dos produtos de meteorização do calcário de Kakontwe, da pasta básica do Grande Conglomerado e dos dolomitos e xistos dolomíticos da série das Minas;

☐ Grupo C (material relacionado com o Grande Conglomerado, arenitos Mwashya, rochas siliciosas e alguns dolomitos da série Mines).

Estes grupos permitem diferenciar o solo de cobertura nas seguintes classes A (mais de 1,20m de solo superficial A), Ag (solo superficial tipo A assente entre 0,20 e 1,20m no horizonte de cascalho), B (mais de 1,20m de solo superficial B), C (mais de 1,20m de solo superficial C) e Cg (solo superficial tipo C assente entre 0,20 e 1,20m no horizonte de cascalho).

Os solos zonais atingiram uma fase muito avançada de meteorização química; a reserva mineral é muito baixa e a fracção argilosa é constituída por caulinite misturada com uma quantidade significativa de óxidos livres.

Os solos intrazonais de tipo hidromórfico ocupam os vales e certas partes deprimidas da paisagem. O material de origem destes solos é sempre recente. Em termos de textura, este material coluvial e aluvial é muito variável. Distinguem-se: grupo D (depósitos recentes argilosos a areno-argilosos, com um teor em elementos finos superior a 50%), grupo E (depósitos recentes areno-argilosos ou areno-argilosos, com um teor em elementos finos inferior a 50%) e grupo F (sedimentos calcários).

Podem distinguir-se as seguintes classes: D (mais de 1,20 m do depósito D), Dg (o depósito D situa-se entre 0,20 e 1,20 m no horizonte de seixos), E (mais de 1,20 m do depósito E), E

g (o depósito E situa-se entre 0,20 e 1,20 m sobre o horizonte de cascalho) e F (sedimentos calcários).

O tipo de perfil de solo desenvolvido neste material recente depende das condições de drenagem. É feita uma distinção entre solos de Gley, solos hidromórficos cinzentos e solos de pântano.

O material de origem dos solos azonais inclui: afloramentos rochosos em algumas colinas, substratos cascalhentos correspondentes ao horizonte cascalhento (eluvião cascalhento) e conchas lateríticas em processo de desmantelamento (paleossolos que actualmente têm o aspecto e o comportamento de um substrato cascalhento ou rochoso). Neste caso, a laterite é considerada como uma rocha-mãe de um novo solo. Este material sofreu, evidentemente, uma evolução pedogenética anterior. Trata-se de perfis zonais e intrazonais antigos, consoante a acumulação seja relativa ou absoluta.

3.2   Materiais e métodos

3.2.1 Amostragem de cupinzeiros

Foi realizado um inventário exaustivo das térmitas no sector Gécamines. Em seguida, as térmitas não perturbadas pela acção humana, dos dois tipos de cor amarela e vermelha em relação à carta de Munsell, foram seleccionadas no campo. Três térmitas vermelhas e três amarelas foram seleccionadas para o local de Gécamines e o mesmo foi feito para um local de referência não contaminado em torno do Bairro da Faculdade de Ciências Agronómicas da UNILU em Kassapa (Figura 2).

FIGURA 2: LOCALIZAÇÃO DOS SITIOS ESTUDADOS NA PRIMEIRA FASE

As coordenadas geográficas das termiteiras identificadas constam do anexo.

As amostras foram colhidas de forma propositada, com 15 amostras colhidas aleatoriamente de cada lado das termiteiras seleccionadas para o estudo, ou seja, o lado exposto ao vento e à chaminé e o lado protegido do vento. As 15 amostras foram combinadas numa amostra composta. A profundidade da amostra foi de 5 cm. Além disso, foi registada a lista de espécies da flora presente nestas térmitas. Numa segunda fase, foram seleccionadas seis térmitas com base nos primeiros resultados para um estudo mais detalhado. Foram recolhidas amostras das térmitas e do solo circundante para comparar as suas propriedades e para verificar se a actividade das térmitas tinha um efeito significativo nos parâmetros medidos durante os trabalhos em Gécamines.

TABELA 1: ESQUEMA DE AMOSTRAGEM PARA TERMITEIRAS E SOLOS ASSOCIADOS

Dist*	Cor	Objecto	Código
0 - 3	VERMELHO	Termiteiras	GR S1
		Solo	GR S2
	AMARELO	Termiteiras	GJ S1
		Solo	GJ S2
5 - 7	VERMELHO	Termiteiras	DR S1
		Solo	DR S2
	AMARELO	Termiteiras	DJ S1

		Solo	DJ S2
10 - 12	VERMELHO	Termiteiras	KR S1
		Solo	KR S2
	AMARELO	Termiteiras	KJ S1
		Solo	KJ S2

* Dist: Distância da pilha em km

3.3 III.2 Experiências em vasos

Para melhor avaliar os riscos de transferência do solo para as plantas hortícolas, foram realizadas duas experiências em vasos (i) sobre a diferenciação do efeito da contaminação nas propriedades ecotoxicológicas do solo dentro da mesma termiteira e (ii) sobre a utilidade do solo de termiteiras não contaminadas para reduzir a disponibilidade de TMEs em vários solos contaminados de GECAMINES.

Para a primeira experiência (quadro 2), a superfície (0-5 cm) de seis termiteiras distribuídas em três locais (Gécamines, Bâtiment de Géologie e Kassapa) foi recolhida em três partes correspondentes ao topo, ao meio e à base da termiteira. Foram cultivadas duas plantas representativas da produção hortícola: a acelga (espinafre) e o amaranto (lenga lenga). Os vasos foram instalados num sistema SPLIT PLOT com 3 repetições dos tratamentos. Um total de 108 vasos foram regados com 50 cl de água por dia. O comportamento das culturas foi observado da seguinte forma: taxa de recuperação aquando da transplantação, altura das plantas em cm, diâmetro do colo das plantas em mm, número de folhas por planta (estas três últimas com uma frequência de 1:2 semanas) e, por fim, o peso das folhas ou o rendimento em biomassa.

QUADRO 2: PREPARAÇÃO PARA A EXPERIMENTAÇÃO 1

Sítio Web	Termiteiras	Parte	Código	Replicação
Gecaminas	Vermelho	Topo	G R H	O O O
		Ambiente	G R M	O O O
		Fundo	G R B	O O O
	Amarelo	Topo	G J H	O O O
		Ambiente	G J M	O O O
		Fundo	G J B	O O O
Edifício Geologia	Vermelho	Topo	BG R H	O O O
		Ambiente	BG R M	O O O
		Fundo	BG R B	O O O
	Amarelo	Topo	BG J H	O O O

Solo				
		Ambiente	BG J M	O O O
		Fundo	BG J B	O O O
Kassapa	Vermelho	Topo	K R H	O O O
		Ambiente	K R M	O O O
		Fundo	K R B	O O O
	Amarelo	Topo	K J H	O O O
		Ambiente	K J M	O O O
		Fundo	K J B	O O O

Na segunda experiência (Quadro 3), o horizonte superficial de três solos foi recolhido em GECAMINES, em diferentes posições topográficas: planalto, encosta e vale. A emenda consistiu em solo retirado de duas termiteiras, uma vermelha e outra amarela, numa área não contaminada. O solo foi fornecido em três doses: 20%, 40% e 100% de terra de cupinzeiro. Foram cultivadas duas plantas: acelga suíça (espinafre) e amaranto comum (lenga lenga). Os vasos foram montados em sistema SPLIT PLOT com 6 repetições dos tratamentos. Um total de 216 vasos foi regado com 50 cl de água por dia. O comportamento das culturas foi observado da mesma forma, com excepção da taxa de germinação, que substitui a transplantação porque as plantas foram semeadas directamente.

QUADRO 3: PREPARAÇÃO PARA A EXPERIMENTAÇÃO 2

Solo	Alterações	Dose	Código	Replicação
Tabuleiro	Termo. Vermelho	20%	P R D1	O O O O O O O
		40%	P R D2	O O O O O O O
		100%	P R D3	O O O O O O O
	Termo. Amarelo	20%	P J D1	O O O O O O O
		40%	P J D2	O O O O O O O
		100%	P J D3	O O O O O O O
Versátil	Termo. Vermelho	20%	V R D1	O O O O O O O
		40%	V R D2	O O O O O O O
		100%	V R D3	O O O O O O O
	Termo. Amarelo	20%	V J D1	O O O O O O O
		40%	V J D2	O O O O O O O
		100%	V J D3	O O O O O O O

Vale (sedimentos)	Termo. Vermelho	20%	S R D1	O O O O O O O
		40%	S R D2	O O O O O O O
		100%	S R D3	O O O O O O O
	Termo. Amarelo	20%	S J D1	O O O O O O O
		40%	S J D2	O O O O O O O
		100%	S J D3	O O O O O O O

3.4   III.3. Determinações analíticas

Uma vez recolhidas as amostras de solo, estas foram secas ao ar e depois peneiradas através de um crivo de malha quadrada de 2 mm antes de serem enviadas (250g/amostra) para o Laboratório de Geo Pedologia em Gembloux.

Os parâmetros determinados em laboratório são :

3.4.1.1 pH $_{H2O}$

A medição do pH de uma suspensão de uma amostra de solo em água (pH água) indica a concentração de iões $H3O+$ dissociados no líquido sobrenadante (BAIZE, 2000). O pH da água foi medido com o medidor de pH RADIOMETER PHM 82 após agitação do solo fino em água destilada, para uma relação solo/água de 10/25, durante 2 h, e centrifugação a uma frequência de 3000 rpm durante 10 minutos. O valor do pH da água caracteriza o ambiente físico-químico e dá uma ideia das condições em que o solo funciona; varia, no entanto, de forma relativamente significativa ao longo das estações para o mesmo solo.

3.4.1.2 pHKCl

3.4.1.3 Numa suspensão de solo em água, nem todos os iões H+ se dissociam. Alguns deles são retidos energeticamente por moléculas orgânicas ou por minerais de argila. Os iões H+ dissociados determinam o pH da água (acidez real); os que não estão dissociados constituem uma acidez potencial, que pode ser determinada por neutralização com uma base. No caso dos solos ácidos, é interessante determinar o pH de uma suspensão de solo numa solução de cloreto de potássio (pH Kcl). Para obter o pHKcl, basta substituir a quantidade de água destilada por cloreto de potássio 1 N no método internacional. Já referido anteriormente. A diferença entre o pH da água e o pHKCl (delta pH) dá uma boa ideia da acidez potencial. Esta diferença varia entre 0,5 e 1,5 unidades de pH. O pH KCl é também um parâmetro mais estável ao longo do tempo do que o pH da água (BAIZE, 2000).

3.4.1.4 Conteúdo dos elementos disponíveis

Existem vários métodos de extracção de contaminantes para prever a biodisponibilidade. A avaliação dos teores disponíveis foi efectuada pelo método Lakanen-Ervio, que utiliza uma mistura de 0,5 mol.L⁻¹ de acetato de amónio + 0,02 mol.L de EDTA^{-1} , ajustado a pH 4,65. Este método teria a vantagem de fornecer resultados reprodutíveis para a extracção de Zn e Cu (Turker e Higth, 1990). Do mesmo modo, os testes de MULCHI *et al* (1992) sublinham o interesse de utilizar este ex tractante para avaliar a biodisponibilidade de Zn, Cu, Ni e Cd de solos poluídos cultivados com tabaco. Este método revela-se mais ou menos satisfatório (consoante os metais e os solos considerados) para estimar a biodisponibilidade (GUPTA e ATEN, 1993). O método consiste numa relação solo : solução de 1:5, agitação por rotação durante meia hora, filtração e medição dos catiões por absorção atómica utilizando um aparelho do tipo VARIAN 220.

3.4.1.5 Teor total nas plantas

Os teores de elementos nas plantas são determinados após a mineralização de 5g de material seco a 40°C com uma mistura de ácido nítrico e ácido perclórico. As concentrações de TMEs nas soluções são medidas por espectrometria de absorção atómica.

Resultados.

4.1 Caracterização das termiteiras

4.1.1 Distribuição espacial das térmitas em Gécamines

Um recenseamento das térmitas com os seus pontos geo-referenciados no cemitério de Gécamines permitiu fazer uma representação cartográfica das térmitas no referido distrito utilizando o software Google Earth (Figura 3). A distribuição espacial das diferentes térmitas permite uma melhor apreciação da extensão dos solos vermelhos e amarelos. Verifica-se que o modelo teórico que localiza os solos amarelos em posições mais deprimidas na paisagem em relação aos solos vermelhos não se verifica nesta área.

Outra observação é que a actividade humana é muito intensa e esta zona é demasiado movimentada para o fabrico de tijolos, a exploração de pedras ou cascalho para a construção de abóbadas e, por vezes, os espaços destinados à inumação estão saturados, pelo que as termiteiras servem de local adequado para esse efeito.

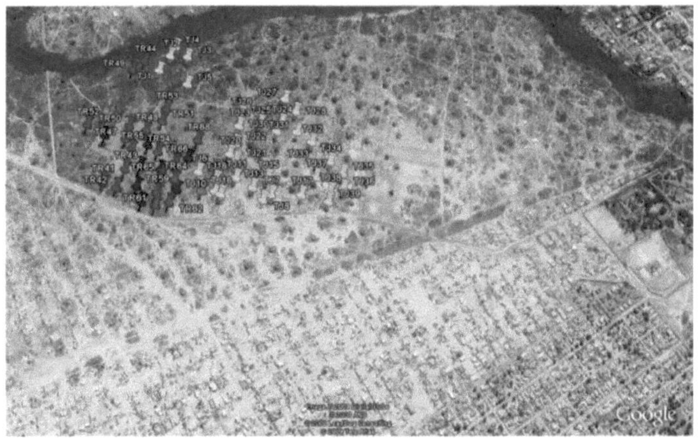

FIGURA 3: REPRESENTAÇÃO DAS 68 térmitas DO SITIO PENGA PENGA (QUARTIER GECAMINES). A AMARELO, AS TERMITAS AMARELAS; A VERMELHO, AS TERMITAS VERMELHAS.

4.1.2 Caracterização botânica de termiteiras.

A caracterização botânica dos dois sítios (GECAMINES e KASSAPA) consiste em levantamentos da flora e, nomeadamente, da presença de plantas indicadoras de solos contaminados. Segundo SCHMITZ (1963), as savanas estepárias policurricolas, por vezes monoespecíficas, em solos ricos em minerais, depósitos de lamas de concentradores, zonas de precipitação de fumo ricas em vapores e poeiras metálicas, caracterizam-se pela presença da espécie *Bulbostylis pseudoperennis*, frequentemente acompanhada por *Haumaniastrum robertii* e por vezes *Eragrostis racemosa, Arthraxon hispidus,* formando assim a associação Bulbostyletum pseudoperennis. Assim, a presença de *Bylbostylis pseudoperennis*, de *Haumaniastrum katangese* (vicariante *de Haumaniastrum robertii*) e de *Rendlia altera* nas termiteiras do sítio de Gécamines é considerada como um indício de contaminação deste solo.

O quadro 4 apresenta os resultados do inventário da flora, a presença de espécies no lado A (protegido do vento) ou no lado B (virado para o vento). As espécies mencionadas acima estão ausentes do sítio de Kassapa, que está longe da contaminação atmosférica. De uma maneira geral, a análise do quadro 4 mostra que as espécies cuprófitas estão mais presentes no sítio de Gécamines do que no sítio de Kassapa. Estas espécies escolhem as térmitas em função da riqueza dos conteúdos disponíveis. Os dois lados parecem ser ricos. *Haumaniastrum katangese* encontra-se na primeira, quarta e quinta térmitas, *Rendlia altera na* segunda e terceira. Enquanto *Bulbostylis pseudoperennis* cresce em todas as térmitas. Assim, as espécies são selectivas de acordo com os conteúdos disponíveis e as espécies termitófilas estão presentes em quase todo o lado nos dois locais. Juntamente com estas espécies estão as espécies específicas do Miombo.

A flora termofílica está bem representada com espécies como *Markhamia obtusifolia, Balanites aegyptiaca,* Azanga garkeana, *Allophylus africans, Brachystegia spp,* Clerodendron spp, *Vitex spp e Setaria lindebergiana*

4.1.3 Caracterização físico-química das térmitas.

4.1.3.1   Comparação entre sítios

As propriedades físico-químicas dos cinco centímetros superiores do solo das termiteiras são apresentadas nos Quadros 5 e 6 para GECAMINES e KASSAPA, respectivamente. Os dados são estratificados de acordo com a cor das térmitas e a orientação das faces em relação à fábrica DA GECAMINES e aos ventos dominantes.

No sítio de GECAMINES, o solo das térmitas é ligeiramente ácido; os teores de COT variam de 1,6 a mais de 5 g.100g^{-1} . Os teores de ET disponíveis são muito elevados e os lados expostos ao vento têm concentrações mais elevadas do que os lados opostos.

Em Kassapa, as propriedades relacionadas com o estado ácido-base e orgânico não parecem diferir de GECAMINES; enquanto os teores de ET são muito mais baixos.

QUADRO 4: LEVANTAMENTO DA VEGETAÇÃO NAS TERMITEIRAS DE GECAMINES (1-6) E KASSAPA (7-12)

TAXÃO	FAMÍLIAS	1A	1B	2A	2B	3A	3B	4A	4B	5A	5B	6A	6B	7A	7B	8A	8B	9A	9B	10A	10B	11A	11B	12A&B
Bulbostylis pseudoperenis	Cyperaceae	*	*	*	*	*	*	*	*	*	*	*	*	-	-	-	-	-	-	-	-	-	-	-

		1	2	3	4	5	6	7	8	9	10	11	12	13	14	15	16	17	18	19	20	21	22	23
Bidens pilosa	Asteraceae	*	*	-	-	*	*	-	-	-	-	*	-	-	-	-	-	-	-	-	-	-	-	-
Bidens oligoflora	Asteraceae	-	-	-	-	*	*	-	*	*	-	-	*	-	-	-	-	-	-	-	-	-	-	-
Solanum spp	Solanáceas	*	*	-	-	-	-	-	-	-	-	-	-	-	-	-	-	-	-	-	-	-	-	-
Celosia trygina	Amarantáceas	*	*	*	*	*	-	-	-	-	-	-	-	-	-	-	-	-	-	-	-	-	-	-
Balanites aegyptiaca	Balanitaceae	*	*	-	-	-	-	-	5	-	-	-	-	-	-	-	-	-	-	-	-	-	-	-
Boscia corymbosa	Capparidaceae	*	*	*	*	*	*	*	*	*	-	-	-	-	-	-	-	-	-	-	-	-	-	-
Julbernardia paniculata	Caesalpinaceae	*	*	*	*	*	*	*	*	*	*	*	*	*	*	*	*	*	*	*	*	*	*	*
Brachystegia spp	Caesalpinaceae	*	*	*	*	*	-	-	-	-	-	-	-	-	-	-	-	-	-	-	-	-	-	-
Erytroxylum delagoense	Erythroxylaceae	*	*	*	*	*	*	-	-	-	-	-	-	-	-	-	-	-	-	-	-	-	-	-
Haumaniastrum katangese	Lamiaceae	-	*	-	-	-	-	*	*	*	*	-	-	-	-	-	-	-	-	-	-	-	-	-
Rendlia altera	Poaceae	-	-	*	*	*	*	-	-	-	-	-	-	-	-	-	-	-	-	-	-	-	-	-
Combretum molle	Combretáceas																*	-	-	*	-	-	*	*
Imperanta cylindrica	Poaceae	-	-	-	-	-	-	-	-	*	*	*	*	-	-	-	-	-	-	-	-	-	-	-
Commelina spp	Commelinaceae	-	-	-	-	-	-	-	-	-	*	*	-	-	-	-	-	-	-	*	-	-	-	*
Setaria thermiteria	Poaceae	*	*	-	-	-	-	-	-	*	*	*	*	-	-	-	-	-	-	-	-	-	-	-
Markhamia obtusifolia	Bignoniaceae	-	*	*	*	*	-	-	-	-	-	-	-	-	-	-	-	*	*	*	*	*	*	-
Allophylus africans	Sapindáceas	-	*	*	*	*	*	-	-	-	-	-	-	-	-	-	-	-	-	-	-	-	-	-
Fagara chalybea	Rutáceas	*	-	-	-	-	-	*	-	-	*	*	-	-	-	-	-	-	-	-	-	-	-	-
Vitex spp	Verbenáceas	-	-	-	*	*	*	-	-	-	-	-	*	*	*	*	*	*	*	*	*	*	*	*
Cyphostemma spp	Vitaceae	-	-	-	-	-	-	-	*	*	*	*	-	-	-	-	-	-	-	*	*	-	-	-
Setarialindebergiana	Poaceae	-	-	*	*	*	*	-	-	-	-	*	*	*	*	*	*	*	*	*	-	-	-	-
Nicandra physalysioides	Solanáceas	-	-	-	-	-	*	*	*	*	*	*	-	-	-	-	-	-	-	-	-	-	-	-
Azanga garkeana	Malvaceae	-	-	*	*	*	*	-	-	-	-	-	-	-	-	-	-	-	-	-	-	-	-	-
Clerodendro spp	verbenáceas	*	-	-	-	-	*	*	*	*	*	-	-	-	-	-	-	-	-	-	-	-	-	-
Landolphia kirki	Apocináceas	-	-	-	-	*	-	*	*	*	-	-	-	-	-	-	-	-	-	-	-	-	-	-

Legenda: * Presença --Ausência

TABELA 5: PROPRIEDADES FISICO-QUIMICAS DAS TERMITEIRAS (0-5CM). 1. SITIO CONTAMINADO.

Cor	Rosto	Código	pHágua	pHKCl	COT g 100g^{-1}	Cu mg kg^{-1}	Co	Zn	Pb	Cd
AMARELO	A	GTJ1A	6,0	5,3	2,5	1080	11	50	140	2,0
	B	GTJ1B	5,5	5,4	3,0	4469	34	252	284	7,2
	A	JWG2A	5,3	5,0	2,4	2817	35	173	255	5,3
	B	GTJ2B	5,9	5,4	4,3	9064	57	308	280	11,1
	A	GTJ3A	5,4	4,8	1,7	1883	24	120	223	3,7
	B	GTJ3B	6,3	5,7	4,6	7461	49	293	260	10,9
VERMELHO	A	GTR1A	4,8	4,2	1,9	1305	16	88	133	2,3
	B	GTR1B	5,3	4,8	5,2	3207	26	138	284	2,7
	A	GTR2A	5,0	4,6	1,6	2309	21	106	208	2,5
	B	GTR2B	6,0	5,4	2,2	5907	70	221	368	6,6
	A	GTR3A	5,6	5,2	3,1	2042	28	158	146	4,2

| | B | GTR3B | 6,6 | 5,8 | 2,4 | 1995 | 48 | 223 | 134 | 8,6 |

lado A: "face protegida do vento"; lado B: "face virada para o vento".

TABELA 6: PROPRIEDADES FISICO-QUIMICAS DAS TERMITEIRAS (0-5CM). 2. LOCAL NÃO CONTAMINADO.

Cor	Rosto	Código	pHágua	pHKCl	COT	Cu	Co	Zn	Pb	Cd
					g 100g^{-1}	Disponível / mg kg^{-1}				
	A	KTJ1A	5,7	4,6	3,0	132	7,3	21,0	16,3	0,95
	B	KTJ1B	6,3	5,7	4,2	78	7,2	21,0	11,0	0,85
AMARELO	A	KTJ2A	6,5	5,8	3,4	66	6,9	18,8	9,8	0,80
	B	KTJ2B	6,9	6,6	3,2	62	6,0	15,0	10,2	0,75
	A	KTJ3A	6,7	6,1	4,3	83	6,7	21,0	12,8	0,85
	B	KTJ3B	6,4	5,5	3,7	87	6,6	18,8	11,8	0,65
	A	KTR1A	5,9	5,0	1,9	36	2,8	8,8	5,5	0,23
	B	KTR1B	6,3	5,4	2,2	42	3,3	11,4	6,9	0,31
	A	KTR2A	6,6	5,8	2,4	44	3,7	13,8	8,1	0,45
	B	KTR2B	6,0	5,0	2,6	39	3,4	11,5	6,6	0,33
	A	KTR3A	6,2	5,6	2,5	44	3,3	11,4	6,4	0,36
VERMELHO	B	KTR3B	6,5	6,3	2,3	65	3,8	20,0	7,7	0,55

Lado A: lado "protegido"; Lado B: lado de barlavento.

4.1.3.2 Comparações entre o solo das termiteiras e o solo vizinho

As Tabelas 7 e 8 apresentam os resultados dos diferentes locais onde as termiteiras são analisadas em relação ao solo não termiteiro do mesmo local. Pares de solo de termiteiras foram recolhidos em três locais até 3, 7 e 12 km da chaminé de GECAMINES, respectivamente para GECAMINES (G), o Departamento de Geologia da UNILU (D) e KASSAPA (K). Gecamines tem valores de pH baixos em comparação com Kassapa. As texturas são principalmente siltosas (L, LAF) e argilosas (AL, ALO). É de notar que as texturas são relativamente semelhantes entre a termiteira e o solo do sítio de Gécamines, enquanto que se observam diferenças significativas nos outros dois sítios.

Os conteúdos disponíveis dos elementos principais e ET mostram fortes diferenças entre as termiteiras e os solos vizinhos para os sítios de Gécamines e Kassapa. Por outro lado, o sítio de Kassapa apresenta baixos teores disponíveis para todos os sítios comparados. Observa-se uma anomalia nos teores dos solos de Geologia, que apresentam teores semelhantes aos de Gécamines, o que constitui uma possível manifestação do efeito antrópico ligado ao transporte dos minerais e à sua lavagem em casa pelos mineiros artesanais.

TABELA 7: PROPRIEDADES FISICO-QUIMICAS DAS TERMITEIRAS E DOS SOLOS VIZINHOS.

Dist*	Cor	Objecto	Código	pHágua	pHKCl	COT	[0-2pm]	[2-10pm]	[>50µm]	FAO
						g 100g^{-1}	g 100g^{-1}			

Dist	Cor	Objecto	Código							
0-3	VERMELHO	Termiteiras	GR S1	5,3	4,5	1,4	41,8	32,1	26,1	AL
		Solo	GR S2	6,0	5,3	2,9	33,0	55,2	11,8	LAF
	AMARELO	Termiteiras	GJ S1	7,1	6,7	2,3	31,5	46,2	22,3	O
		Solo	GJ S2	7,5	6,9	1,0	35,7	43,0	21,3	O
5-7	VERMELHO	Termiteiras	DR S1	5,1	5,0	2,6	27,9	46,4	25,8	O
		Solo	DR S2	5,7	4,7	2,5	35,6	42,1	22,2	O
	AMARELO	Termiteiras	DJ S1	4,9	3,8	1,2	65,7	25,8	8,5	ALO
		Solo	DJ S2	5,5	5,1	3,5	23,6	53,1	23,4	L
10-12	VERMELHO	Termiteiras	KR S1	4,8	3,9	1,3	68,9	17,7	13,4	ALO
		Solo	KR S2	5,6	4,6	2,1	37,0	41,4	21,6	LAF
	AMARELO	Termiteiras	KJ S1	6,0	5,0	1,3	53,0	21,3	25,7	A
		Solo	KJ S2	5,7	4,8	2,4	35,6	42,1	22,3	LAF

* Dist: Distância da pilha em km

TABELA **8: PROPRIEDADES FISICO-QUIMICAS DAS TERMITEIRAS E DOS SOLOS VIZINHOS.**

Dist*	Cor	Objecto	Código	É	Mg	K	Fe	Mn	Cu	Co	Zn	Pb	Cd
				mg 100g^{-1}			mg kg^{-1}						
0-3	VERMELHO	Termiteiras	GR S1	46	16	29	80	88	973	13,4	63	85	1,5
		Solo	GR S2	45	10	12	19	86	6246	64,0	275	300	6,7
	AMARELO	Termiteiras	GJ S1	270	41	37	450	116	844	26,0	250	80	2,9
		Solo	GJ S2	195	36	34	575	86	484	14,4	144	42	1,8
5-7	VERMELHO	Termiteiras	DR S1	15	6	6	25	143	5487	51,0	250	600	5,4
		Solo	DR S2	85	32	18	165	101	54	6,4	19	17	1,1
	AMARELO	Termiteiras	DJ S1	24	12	17	75	51	13	2,9	2	2	0,1
		Solo	DJ S2	49	17	11	18	105	5952	73,0	275	275	5,4
10-12	VERMELHO	Termiteiras	KR S1	15	10	24	65	47	30	2,3	3	5	0,1
		Solo	KR S2	69	29	17	165	76	65	4,8	20	12	0,8
	AMARELO	Termiteiras	KJ S1	78	12,7	12	34	39	56	3,4	7	6	0,2
		Solo	KJ S2	79	32	20	145	79	74	5,4	19	14	0,9

* Dist: distância da chaminé em

4.2 Experiências

4.2.1 Caracterização da ecotoxicidade do solo de cupinzeiros

Para a primeira experiência, o solo de seis termiteiras distribuídas por três locais (Gécamines, Bâtiment de Géologie e Kassapa) foi recolhido em três partes correspondentes ao topo, ao meio e à base da termiteira. Foram cultivadas duas plantas representativas da produção vegetal: a acelga (espinafre) e o amaranto (lenga lenga).

4.2.1.1 Características físico-químicas

Os resultados da caracterização físico-química dos solos utilizados para esta experiência são apresentados no quadro 9. Os solos são maioritariamente ácidos (pH< 6), o teor de COT varia de 1,3 a 7,0 g 100g^{-1} , o teor de Cu é muito elevado, nomeadamente para as amostras G J B e G J M que correspondem às térmitas amarelas de Gécamines, enquanto que os outros locais apresentam um teor baixo.

4.2.1.2 *Parâmetros de crescimento*

Foram feitas observações sobre a altura em cm, o diâmetro da copa e o número de folhas das plantas cultivadas, respectivamente nas figuras 4 a 6. A ANOVA mostra uma diferença significativa para todos estes parâmetros, com efeitos significativos do local (P<0,0000), das térmitas (P<0,00099) e da interacção (local*termitas (P<0,00000), local*parte (P<0,001577) local*termitas*parte (P<0,004697)).

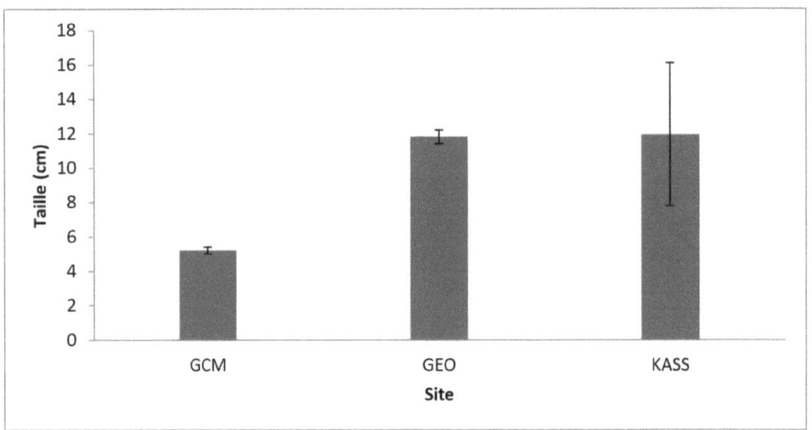

FIGURA 4: TAMANHO DAS PLANTAS DE ACELGA (CM) EM FUNÇÃO DO LOCAL DE ORIGEM DO SOLO.

Para estes diferentes locais, a figura 4 sobre o tamanho das plantas em cm mostra que o solo de Gécamines, que tem um elevado teor de ET, resulta em plantas ou culturas pequenas em comparação com os outros locais (Kassapa e Geo Logie) que são estatisticamente equivalentes. O mesmo padrão é também observado para o diâmetro do colo das plantas, com uma aparência pobre das plantas de Gécamines.

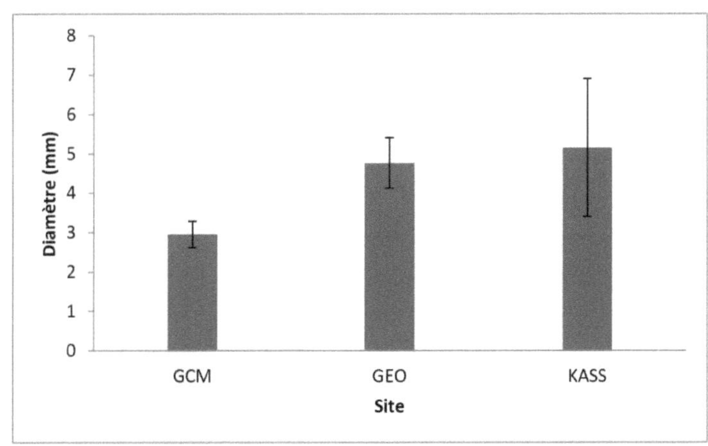

FIGURA 5: DIAMETRO DA COROA DAS PLANTAS DE ACELGA.

O número de folhas também apresenta uma diferença significativa para o sítio Gecamines. Os sítios Kassapa e Geologia são idênticos, com o número de folhas a variar entre 6 e 7 (Figura 6).

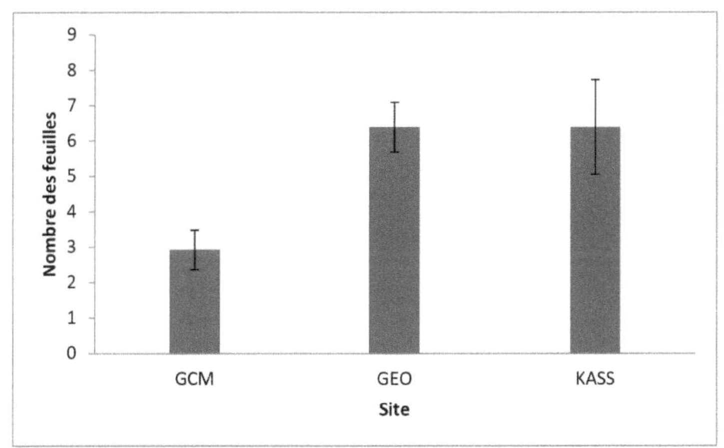

FIGURA 6: NUMERO DE FOLHAS POR PLANTA DE PERA

TABELA 9: PROPRIEDADES FISICO-QUIMICAS DOS SOLOS UTILIZADOS NA EXPERIMENTAÇÃO 1.

Sítio Web	Termiteiras	Parte	Código	$pH_{água}$	pH_{KCl}	COT $g\ 100g^{-1}$	Cu	Co	Zn	Pb	Cd
							Disponível / mg kg^{-1}				
Gécamines	Vermelho	Topo	G R H	6,4	5,9	2,0	1250	16,2	145	85	2,9
		Ambiente	G R M	6,4	5,9	1,9	1250	17,8	145	79	3,2
		Fundo	G R B	6,8	5,9	2,8	2325	26,0	185	191	4,6

	Amarelo	Topo	G J H	6,6	5,7	2,1	880	35,0	190	50	10,4
		Ambiente	G J M	6,4	5,7	4,5	3400	50,0	370	203	12,4
		Fundo	G J B	6,5	5,8	5,0	7250	43,0	265	239	9,9
Edifício Geologia	Vermelho	Topo	BG R H	6,7	6,5	2,5	66	4,4	15	8	0,4
		Ambiente	BG R M	6,2	4,7	1,9	29	2,4	5	5	0,2
		Fundo	BG R B	6,8	6,2	2,6	36	3,0	14	6	0,5
	Amarelo	Topo	BG J H	6,6	5,1	1,9	30	3,2	8	4	0,2
		Ambiente	BG J M	6,2	4,8	1,9	32	3,5	8	5	0,3
		Fundo	BG J B	6,3	5,5	2,6	75	6,7	16	13	0,8
Kassapa	Vermelho	Topo	K R H	6,5	5,2	1,3	19	1,4	5	2	0,1
		Ambiente	K R M	6,1	5,2	2,4	50	3,2	15	7	0,3
		Fundo	K RB	6,4	5,3	1,5	19	1,4	5	2	0,1
	Amarelo	Topo	K J H	6,5	5,1	5,1	285	13,7	55	32	2,5
		Ambiente	K J M	6,5	6,2	6,8	195	13,2	60	24	2,3
		Fundo	K J B	6,4	5,6	7,0	135	10,6	46	21	1,9

4.2.2 Efeito dos tratamentos para reduzir a toxicidade dos ETs no solo

Na segunda experiência, o horizonte superficial de três solos GECAMINES (planalto -P-, encosta -V- e vale -S-) foi misturado com três doses de correcção do solo, constituído por solo retirado de duas termiteiras, uma vermelha e outra amarela, numa zona não contaminada. As aplicações de terra foram efectuadas em três doses: 20%, 40% e 100% de terra de termiteiras. Foram cultivadas duas plantas: acelga (espinafre) e amaranto (lenga lenga).

4.2.2.1 Caracterização físico-química

As propriedades físico-químicas dos diferentes solos e misturas cultivadas são apresentadas no Quadro 10. Os solos são maioritariamente ácidos (pH <5,3), os teores de COT variam de 0,6 a 3,4, os teores de Cu são muito elevados, nomeadamente para as amostras de solo do talude VRD1 e VJD1 que correspondem às térmitas vermelhas e amarelas respectivamente. A mistura com as diferentes doses de térmitas permitiu uma diluição dos contaminantes que se manifesta aqui pela vegetação das culturas de amaranto que foram colocadas nos solos do planalto e do vale (sedimentos).

4.2.2.2 Parâmetros de crescimento

Os dados sobre a taxa de emergência, tamanho da planta e taxa de sobrevivência de um mês das plantas de amaranto são apresentados nas Figuras 7 a 9. A análise de variância mostrou uma diferença significativa para o solo do planalto (P<0,011503), solo da encosta (P<0,014676) e solo do vale (P<0,01103) para todos os parâmetros de taxa de emergência, tamanho da cultura em cm e taxa de sobrevivência da planta. Esta diferença foi encontrada entre as taxas de 20%, 40% e 100%.

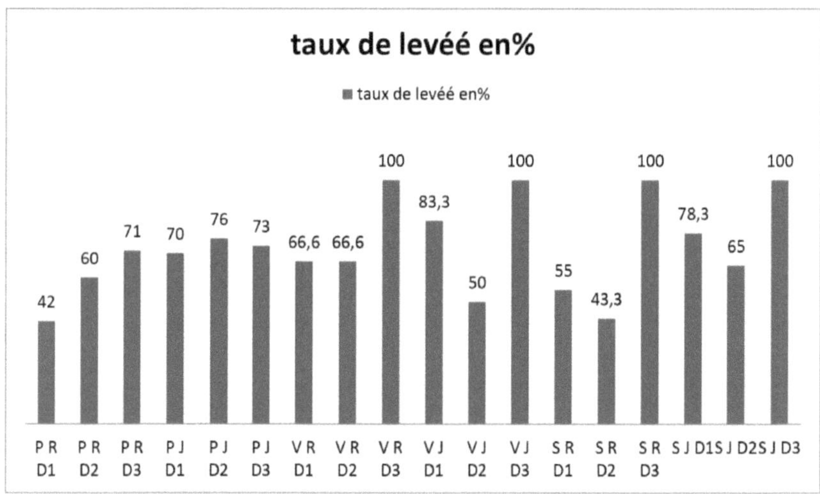

Figura 7: Taxa de emergencia de sementes de AMARANTE em diferentes solos (planalto, encosta e vale) no distrito de Gecamines (R=Vermelho e J=Amarelo) em função da taxa de aplicação de cupins no solo (D1 a D3).

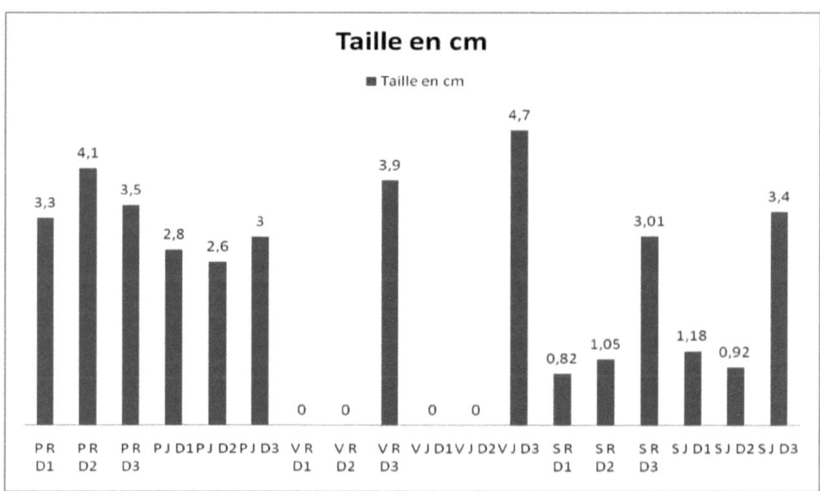

Figura 8: Tamanho das plantas em cm dos três solos (planalto, encosta, vale) misturados com três doses de solo das termiteiras.

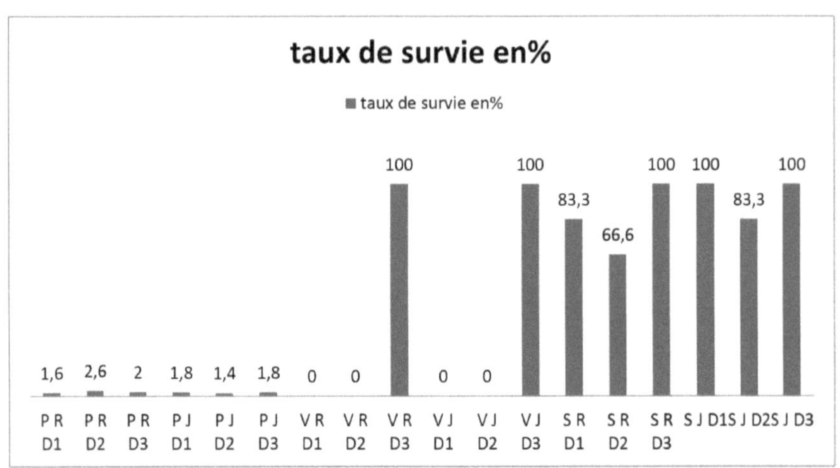

FIGURA 9: TAXA DE SOBREVIVENCIA DAS PLANTULAS EM 3 SOLOS (PLANALTO, ENCOSTA, VALE) QUE RECEBERAM 3 DOSES DE TERRA DE CUPINZEIRO PARA REDUZIR O EFEITO DOS CONTAMINANTES OU POLUENTES.

TABELA 10: PROPRIEDADES FISICO-QUIMICAS DOS SOLOS UTILIZADOS NA EXPERIMENTAÇÃO 2.

Sítio Web	Termiteiras	Dose	Código	pHágua	pHKCl	COT	Cu	Co	Zn	Pb	Cd
						g 100g^{-1}	Disponível / mg kg^{-1}				
Tabuleiro	Vermelho	20%	P R D1	4,7	3,9	0,6	441	33,0	90	11	2,6
		40%	P R D2	4,6	3,8	0,9	210	18,6	46	5	1,4
		100%	P R D3	5,0	3,9	1,4	2	1,7	2	4	0,1
	Amarelo	20%	P J D1	4,5	3,9	0,7	431	31,0	85	13	2,7
		40%	P J D2	4,5	3,8	0,7	352	33,0	80	10	2,4
		100%	P J D3	4,8	3,8	1,2	3	1,8	1	2	0,1
Versátil	Vermelho	20%	V R D1	5,1	4,5	3,4	5193	42,0	290	575	11,2
		40%	V R D2	4,9	4,8	1,8	3733	38,0	168	394	6,0
		100%	VR D3	4,8	3,8	1,4	16	1,7	2	4	0,1
	Amarelo	20%	V J D1	5,0	4,9	2,9	4568	54,0	290	600	11,1
		40%	V J D2	4,6	4,9	2,2	4553	47,0	210	553	7,6
		100%	V J D3	4,9	3,8	1,1	4	2,2	3	3	0,1
Vale (sedimentos)	Vermelho	20%	S R D1	5,3	4,9	1,3	1372	15,7	85	99	2,1
		40%	S RD2	5,0	4,4	1,3	829	11,0	60	61	1,4
		100%	S R D3	4,9	3,9	1,3	3	1,8	2	4	0,1

	Amarelo	20%	S J D1	5,3	4,8	1,3	1468	14,6	90	108	2,3
		40%	S J D2	5,2	4,6	1,3	1191	13,9	75	89	2,0
		100%	S J D3	4,8	3,8	1,2	10	1,9	1	2	0,1

DISCUSSÕES

Com base nos resultados obtidos no decurso deste trabalho, é necessário discutir um certo número de questões.

1.   Existem diferenças nas propriedades das térmitas de Gécamines e das térmitas de Kassapa?

2.   Existem diferenças de propriedades entre as térmitas amarelas e vermelhas?

3.   Existem diferenças entre os lados expostos à chaminé (B) e os lados não expostos (A)?

4.   Existem diferenças de propriedades entre uma termiteira e o solo vizinho?

Existem diferenças nas propriedades dos solos vermelhos e amarelos?

5.   Existe um efeito de distância em relação à chaminé?

6.   Existe um efeito das partes das térmitas consideradas?

7.   Existe um efeito dos tratamentos sobre os solos do horizonte superficial de acordo com a sequência topográfica efectuada?

Estas questões constituem, por conseguinte, o fio condutor dos capítulos seguintes.

4.3   Comparações entre sítios e entre faces.

Como primeira abordagem, foi efectuada uma ANOVA de três factores - Local, Cor, Rosto - sobre os dados dos Quadros 5 e 6. Os resultados são apresentados no Apêndice 1.

Isto permite-nos ver se os factores estão a interagir ou não. Em caso afirmativo, é necessária uma ANOVA de dois factores. Esta análise de variância mostra que, para os dois pHs: $pH_{água}$ e pH_{KCl}: não há interacção e o efeito do local é significativo: o local de Gécamines tem valores de pH inferiores aos do local de Kassapa. Para o carbono orgânico total ou COT: não há interacção, existem diferenças significativas em função da cor e da face. No entanto, para os oligoelementos metálicos como o Cu, Co, Cd, Pb e Zn, existe uma interacção significativa entre o local e a face. Isto significa que as diferenças entre as faces A e B não são as mesmas para Gécamines e Kassapa. Trata-se claramente de um efeito de contaminação: A e B são semelhantes em Kassapa, enquanto uma face está mais contaminada do que a outra em Gécamines. O efeito de sítio é igualmente significativo para os dois sítios (Gécamines > Kassapa).

Uma vez que os lados A e B não são independentes mas estão ligados à mesma termiteira, a ANOVA não permite explorar todas as informações úteis. Foram efectuados testes t de amostras emparelhadas para Gécamines e Kassapa.

A análise estatística confirma que existem diferenças nas propriedades entre as térmitas de Gécamines e Kassapa e diferenças entre as propriedades das térmitas amarelas e vermelhas. Esta diferença é observada para o carbono orgânico total e o cádmio. Há também uma diferença entre as faces expostas ao vento e as faces protegidas para Gécamines, que mostram claramente os efeitos da contaminação pelo vento, enquanto as faces das térmitas de Kassapa são idênticas.

4.4 Comparações entre termiteiras e solos vizinhos.

Os resultados da ANOVA (distância; cor; objecto) - Apêndice 2 mostram uma ausência de interacções e efeitos significativos. Por conseguinte, foi efectuado um teste t de amostras emparelhadas em todas as amostras sem estratificação. Os resultados mostram que não há estatisticamente nenhuma diferença entre o solo da termiteira (0-5cm) e o solo recolhido nas proximidades. A grande variabilidade das propriedades físico-químicas dos materiais analisados é provavelmente responsável por esta conclusão.

4.5 Comparação terra-a-terra da experiência I.

Uma vez que as duas primeiras etapas não permitem concluir que existem diferenças entre os solos vermelhos e amarelos, este factor de estratificação não foi mantido na análise de variância. Os resultados (Apêndice 3) mostram que existe um efeito de local para todos os parâmetros. Gécamines apresenta valores significativamente mais elevados. É um facto que o sítio de Gécamines, devido à sua proximidade da fonte potencial de contaminação, apresenta teores muito elevados e variáveis. ANDRES (2008) encontrou níveis elevados de Cu total que variaram de 4943mg/kg a 9430mg/kg, Co de 93mg/kg a 271mg/kg, Pb de 498mg/kg a 578mg/kg, Cd de 6,4mg/kg a 12,2mg/kg e Zn também variou de 372mg/kg a 662mg/kg. Existe uma correlação significativa entre os teores total e disponível, porque uma grande parte dos TME é mobilizada e os teores disponíveis reflectem a expressão da fitotoxicidade.

No entanto, não houve interacção nem diferença significativa entre as diferentes partes das termiteiras (Topo, Meio e Base) consideradas na experiência1.

4.6 Comparação entre terrenos na Experiência 2.

Da ANOVA resulta que existe uma diferença significativa com um efeito de dose ou de tratamento (P<0,00000) para as variáveis pHKCl (P<0,014128), Cu (P<0,000000), Co (P<0,0020343), Zn (P<0,000000), Pb (P<0,000000) e Cd (P<0,000000). Os solos de termiteiras das diferentes cores utilizadas como tratamentos tiveram um efeito sobre os solos de encosta e de vale, enquanto que os solos de planalto não parecem apresentar o mesmo efeito de diluição. Este facto também pode ser facilmente observado na taxa de sobrevivência na figura

Conclusão geral e perspectivas

O objectivo do presente estudo foi quantificar o teor de oligoelementos metálicos nos dois locais (Gécamines e Kassapa) sobre as térmitas vermelhas e amarelas. Uma abordagem comparativa de análises físico-químicas baseada em análises estatísticas permitiu destacar as experiências realizadas na Faculdade de Ciências Agronómicas da UNILU. Este estudo mostra que as propriedades das térmitas de Gécamines são diferentes das das térmitas de Kassapa.

As faces comparadas são diferentes para Gécamines e não para Kassapa; Gécamines mostra claramente um efeito de contaminação pelo vento, onde as faces A protegidas apresentam teores elevados em comparação com as faces B que estão expostas à chaminé. A comparação dos solos das termiteiras com os solos vizinhos não revela quaisquer diferenças. Isto significa que as térmitas têm um impacto na determinação da contaminação no ecossistema. As diferentes partes das termiteiras não mostraram um efeito significativo para a experiência1. Os solos de termiteiras aplicados como redutores de contaminantes, tiveram um efeito significativo para o horizonte superficial considerado no sedimento (vale) e solos de encosta, enquanto os solos de planalto não foram influenciados pelos tratamentos da experiência2 . Seria interessante efectuar uma experiência com plantas candidatas à fitoestabilização para ver o efeito da imobilização dos contaminantes em Gécamines.

REFERÊNCIAS

ADRIANO, D.C., 2001. Trace Elements in Terrestrial Environments (Elementos vestigiais em ambientes terrestres). Springer-Verlag, Nova Iorque/Berlim/Heidelberg.

ANDRES, 2008. Estudos do impacto de contaminações metálicas nas propriedades do solo em torno de Lubumbashi. Tese para a obtenção do grau de engenheiro biológico. FSAGx. 151p.

ALLOWAY, B.J., 1999. Heavy Metals in Soils. Halsted Press, Nova Iorque.

BRADL, H.B., 2004. Adsorção de iões de metais pesados em solos e constituintes do solo. Journal of Colloid and Interface Science 277, 1e18.

AUBERT.H e PINTA.M, 1971. Eléments traces dans le sol : ORSTOM, Paris travaux et l'ORSTOM n° 11 ORSTOM 93 Bondy

ALONI, 1983. Extracto de new trends in soil biology, Proceeding of theVIII international colloquium of soil zoology, Louvain la neuve, P. Lebrun, H. André, A. De Medts, C. Gredoire-Wibo & G. Wauthy (Eds) Dieu-Brichart Imp., pp 600-6002.

AUBREVILLE, A. 1957.Ecos do Congo Belga: clímax Yangaambiano - Muhulu, termiteiras fósseis gigantes e floresta aberta Katangiana. Bois For. Trop. 51 28-39.

BACHELIER, 1977. Análise da acção das térmitas no sol, ORSTOM.

BAIZE D. Metais vestigiais nos solos - uma abordagem funcional e espacial

BAIZE, D e TERCE, M, 2004. Destino dos oligoelementos metálicos nos solos do Vexin Français sujeitos a espalhamento de lamas.

BORGHIi, TOGNETTIi, MONTFORTIi e SEBASTANI, 2007. Resposta de duas espécies de choupo, populus alba e populus x canadiensis, a elevadas concentrações de cobre. Bull, 7: 67p. 3 mapas

CHASSIN P., BAIZE D., CAMBIER Ph. e STERCKEMAN T., 1997, Les éléments traces métalliques et la qualité des sols : impact à moyen et à long termes, Chambres d'Agriculture, supplément au n° 856, pp. 35-39.

COLINET G., 2003. Trace metals in soils. Contribution à la connaissance des déterminants de leur distribution spatiale en région limoneuse Belge, tese de doutoramento.

DELAGE A. e PIERRE H., 2005. Geomecânica Ambiental, Solos Poluídos e Resíduos; Lavoisier, 2005. 11 Rue Lavoisier 75008. Paris.

DE WILDEMAN, E., 1933. On hooks, spikes, spines, prickles in the plant kingdom. Acad. Roy. Bélgica. Cl.Sc., Memória 8°, 12 : 1 :117.

DIKUMBWA, N., 1991. Impacto dos factores eco-climáticos nos ciclos biogeoquímicos da floresta densa e seca de Entandrophragma delevoyi De Wild. Au Shaba méridional(Zaïre). Tese de doutoramento, Univ. Liège.199p.

DINIZ Z. & AGUIAR F., 1972. Os Solo e a vegetação do planato ocidental da cela (Estudo

DIATTA JB. , 2000. Distribuição do cobre e parâmetros de quantidade-intensidade de solos altamente contaminados nas proximidades de uma fábrica de cobre. Departamento de Química Agrícola, Universidade Agrícola ul wojska polskiegu 71F60-625.Poznan Polónia

DORRONSORO, C. e ALONSO, P., 1994. Cronosequência em solos de terraço fluviaSl- do rio Almar. Soil Science Society of America Journal 5, 910e925

DUBOISSET, B., 2003. Microfauna do solo dos países temperados e tropicais. Act Sci et Cie e Paris.

DUCHAUFOUR PH, 1994. Pedologia1 pedogénese e classificação

DUCHAUFOUR P, 1994. Pedologia2: propriedades e constituintes do solo

DUVIGNEAUD, P., 1955. Estudo ecológico da vegetação na África tropical. Ann. Biol. 31(5-6): 375-392.

DUVIGNEAUD, P., 1958. La végétation du Katanga et de ses sols métallifères, Bull. soc. roy. Bot. Bélgica, 90: 127-186.

DUVIGNEAUD, P. & AUDIN M., 1956 Géographie des caractères et évolution de la flore soudano-Zambézienne.III. Les combretum arborescents des savanes et forêt claires du Congo méridional. Bull. Soc. Roy. Bot. Bélgica.88: 59-90.

DUVIGNEAUD e DENAEYER, 1962. Copper and vegetation in Katanga. Publicação N°47extrait du bulletin de la société royale de botanique de Belgique, T, 96p. 93231.

DUVIGNEAUD, P., & ROCHES, R., 1951. La géographie de caractères chez les Erythrines à feuilles tomenteuses des savanes du Congo- Belge. Lejeunia, 15: 83-90.

FANSHAWE D., 1969- A vegetação da Zâmbia. Rep.Zambia, Min. Rural. Devpmt. For Res. Bull, 7: 67p. 3 mapas

FAUCON M-P, NGOY S.M, MEERTS.P, 2007. Revisitando as concentrações de cobre e cobalto em supostos hiperacumuladores da África do Sul: Influência da lavagem e das concentrações de metais no solo. Plant soil (2007)301:29-36 DOI 10.1007/s11104-007-9405-3 Artigo regular.

GAULTIER, J.P, CAMBLIER, P, CITEAU, L, LAMY, I, OORT, F, ISAMBERT, M,

GRASSE, N. 1950. As térmitas e os solos tropicais. Rev, in, Bot apn

HALL.J.C & Lorraine EWILLIAMS, 2003. School of Biological Science, Biomedical Sciences Building, University of Southampton Bassett Crescent East Southampton S016 7PX UK.

HOLGEUN, L. 1995. Entomology of Ecology, Vol. 1. Universidade de Wyzembero ITRC (Interstate Technology and Regulatory Cooperation), 1997. Tecnologias Emergentes para a Remediação de Metais em Solos - Fitorremediação, FINAL.

JANSSEN. R. P. T., POSTHUMA L., BAERSELMAN. R., DEN HOLLANDER. H. A., VAN VEEN. R. P. M., e PEIJNENBURG. W. J. G. M. 1997b. Partição de equilíbrio de metais pesados em solos de campos holandeses. II. Previsão da acumulação de metais em minhocas. *Environ. Toxicol. Chem.* **16**, 2479-2488.

KABATA-PENDIAS A. & PENDIAS H. 2001. Trace elements in soils and plants, Boca ration CRCPress Inc, 3rd Ed.

KAYA, 2008. Contribuição para o estudo dos factores de distribuição espacial dos teores de oligoelementos metálicos nos solos e sedimentos do distrito de Gécamines. Tese de doutoramento em Biologia Vegetal.UNILU.50p

LEE C.S., Li X., Shi W., Cheung S.C. e Thornton I., 2006. Metal contamination in urban, suburban, and country park soils of Hong Kong: A study based on GIS and multivariate statistics, Elsevier, Science of the Total Environment 356 (2006) 45- 61

LEE, L. & MALAISSE, F. 1973. Térmitas e o solo Rev, in, Bot apn

LEPAGE, R. 2005. Contribuição das térmitas para o ciclo global do carbono.

LETEINTURIER B & MALAISSE F. De la réhabilitation des sols pollués par l'activité minière du cuivre bull.séanc. Acad en afrique centro australe mer 45 (4)

LETEINTURIER B., 2002. Avaliação do potencial fitocenótico de depósitos de cobre na África Central e Austral para a fitorremediação de locais poluídos por actividades mineiras. Tese de doutoramento, FSAGx, 364p.

MA, W.-C. 1982. A influência das propriedades do solo e dos factores relacionados com as minhocas na concentração de metais pesados nas minhocas. *Pedobiologia* **24**, 109-119. .

MACNAIR MR, 1980.A absorção de cobre por plantas de mimulus guttatus diluindo no genótipo principalmente num único locus principal de tolerância ao cobre.

MACNAIR MR, TILSTONEGH, SMITHSe, 2000. The genetics of metal tolerance and accumulation in higher plant in terryn Banvelosg (eds), phytoremediation of contaminated soil and water, pp235-238CRC Press LLC.

MALDAGUE, 2002. Levantamento das térmitas na região de Bambesa (EULE RDC)

MALAISSE, F. 1998. Se nourrir en forêt claire Africaine, Approche écologique et nutritionnelle.

MALAISSE .F., BAKER.J.M., RUELLE.S.,1998. Diversidade das comunidades de plantas e conventos de metais pesados nas folhas em Luiswishi. Mineralização de cobre e cobalto, Alto Katanga R.D.Congo.

MARSCHNER, 2002.s Mineral nutrition of higher plants .second edition Elsevier academic Press 84 theobald d.s Road, London wcix 8RR, UK htp//www.elsevier.com

MASHHADI, BOOJAR e GOODARZI, 2006. As estratégias de tolerância ao cobre e o papel das enzimas antioxidantes em três espécies de plantas cultivadas em minas de cobre Departamento de Biologia Universidade de Tarbiat Moalem n°49 Dr Mofateh avenue. P.O Box 15614 Irão.

NATHALIE A L M VAN HOOF, 2001. O aumento da tolerância ao cobre em populações de silene vulgaris (Moench) Garke provenientes de minas de cobre está associado ao aumento dos níveis de transcrição de um gene de metalotioneína do tipo 2b.

NOIROT, 1962. Biologia das Térmitas, Krishna, FM. Atad. Press Newyork London

SCHMITZ, 1962. The Muhulu of Southern Upper Katanga.Bull.Jard.Bot.Etat, Brussels, 32(3) ,221-299

SYS C. & SCHMITZ A. A., 1959. Note explicative des cartes de sol et de la Urundi, région d'ElisabethvilleDBelge et du Rwanda□ végétation du Congo Katanga), n° 9,D(Haut A, B et C, Publication INEAC, Bruxelles

VERBRUGGEN.N, 2008. Curso de Fisiologia Vegetal do 1º ano do D.E.A. em Ambiente.

VREEKEN, W.J., 1975. Principais tipos de cronosequências e seu significado na história do solo. Journal of Soil Science 26, 378e394.

YRUELA. I, 2005. Metais tóxicos em plantas

WOOD, 1960. Um estudo da ecologia vegetal do distrito de Busoga. Uganda. Protectorado.inst. pap. Commonw. Forest Inst.35. 69p.

Anexo 1

Modelo Linear Geral: Local; Cor; Lado

```
Factor   Type    Levels   Values
Site     fixed       2    Gécamines; Kassapa
Color    fixed       2    Jaune; Rouge
Side     fixed       2    A; B
```

Analysis of Variance for pHeau, using Adjusted SS for Tests

```
Source            DF   Seq SS   Adj SS   Adj MS       F       P
Site               1   2,8704   2,8704   2,8704   15,62   0,001
Color              1   0,1838   0,1838   0,1838    1,00   0,332
Side               1   0,7704   0,7704   0,7704    4,19   0,057
Site*Color         1   0,0004   0,0004   0,0004    0,00   0,963
Site*Side          1   0,3038   0,3038   0,3038    1,65   0,217
Color*Side         1   0,0337   0,0337   0,0337    0,18   0,674
Site*Color*Side    1   0,1837   0,1837   0,1837    1,00   0,332
Error             16   2,9400   2,9400   0,1837
Total             23   7,2863
```

S = 0,428661   R-Sq = 59,65%   R-Sq(adj) = 42,00%

Analysis of Variance for pHKCl, using Adjusted SS for Tests

```
Source            DF   Seq SS   Adj SS   Adj MS       F       P
Site               1   1,4017   1,4017   1,4017    5,12   0,038
Color              1   0,3267   0,3267   0,3267    1,19   0,291
Side               1   1,0417   1,0417   1,0417    3,81   0,069
Site*Color         1   0,0067   0,0067   0,0067    0,02   0,878
Site*Side          1   0,1350   0,1350   0,1350    0,49   0,493
Color*Side         1   0,0067   0,0067   0,0067    0,02   0,878
Site*Color*Side    1   0,1067   0,1067   0,1067    0,39   0,541
Error             16   4,3800   4,3800   0,2737
Total             23   7,4050
```

S = 0,523211   R-Sq = 40,85%   R-Sq(adj) = 14,97%

Analysis of Variance for COT, using Adjusted SS for Tests

```
Source            DF    Seq SS    Adj SS   Adj MS      F       P
Site               1    0,0267    0,0267   0,0267   0,04   0,842
Color              1    4,1667    4,1667   4,1667   6,41   0,022
Side               1    3,5267    3,5267   3,5267   5,43   0,033
Site*Color         1    1,4017    1,4017   1,4017   2,16   0,161
Site*Side          1    2,5350    2,5350   2,5350   3,90   0,066
Color*Side         1    0,2017    0,2017   0,2017   0,31   0,585
Site*Color*Side    1    0,1667    0,1667   0,1667   0,26   0,619
Error             16   10,3933   10,3933   0,6496
Total             23   22,4183
```

S = 0,805967   R-Sq = 53,64%   R-Sq(adj) = 33,36%

Analysis of Variance for Cu, using Adjusted SS for Tests

Source	DF	Seq SS	Adj SS	Adj MS	F	P
Site	1	76187630	76187630	76187630	58,17	0,000
Color	1	4375042	4375042	4375042	3,34	0,086
Side	1	17741801	17741801	17741801	13,55	0,002
Site*Color	1	3978018	3978018	3978018	3,04	0,101
Site*Side	1	17852025	17852025	17852025	13,63	0,002
Color*Side	1	3908301	3908301	3908301	2,98	0,103
Site*Color*Side	1	4031940	4031940	4031940	3,08	0,098
Error	16	20954848	20954848	1309678		
Total	23	149029606				

S = 1144,41   R-Sq = 85,94%   R-Sq(adj) = 79,79%

Analysis of Variance for Co, using Adjusted SS for Tests

Source	DF	Seq SS	Adj SS	Adj MS	F	P
Site	1	5340,2	5340,2	5340,2	53,29	0,000
Color	1	19,1	19,1	19,1	0,19	0,668
Side	1	920,1	920,1	920,1	9,18	0,008
Site*Color	1	15,7	15,7	15,7	0,16	0,698
Site*Side	1	930,0	930,0	930,0	9,28	0,008
Color*Side	1	4,9	4,9	4,9	0,05	0,828
Site*Color*Side	1	2,2	2,2	2,2	0,02	0,885
Error	16	1603,5	1603,5	100,2		
Total	23	8835,5				

S = 10,0108   R-Sq = 81,85%   R-Sq(adj) = 73,91%

Analysis of Variance for Cd, using Adjusted SS for Tests

Source	DF	Seq SS	Adj SS	Adj MS	F	P
Site	1	150,100	150,100	150,100	67,90	0,000
Color	1	10,560	10,560	10,560	4,78	0,044
Side	1	30,150	30,150	30,150	13,64	0,002
Site*Color	1	4,753	4,753	4,753	2,15	0,162
Site*Side	1	31,054	31,054	31,054	14,05	0,002
Color*Side	1	3,227	3,227	3,227	1,46	0,245
Site*Color*Side	1	4,002	4,002	4,002	1,81	0,197
Error	16	35,372	35,372	2,211		
Total	23	269,217				

S = 1,48685   R-Sq = 86,86%   R-Sq(adj) = 81,11%

Analysis of Variance for Pb, using Adjusted SS for Tests

Source	DF	Seq SS	Adj SS	Adj MS	F	P
Site	1	282078	282078	282078	116,56	0,000
Color	1	1662	1662	1662	0,69	0,419
Side	1	10429	10429	10429	4,31	0,054
Site*Color	1	797	797	797	0,33	0,574
Site*Side	1	10825	10825	10825	4,47	0,050
Color*Side	1	418	418	418	0,17	0,683
Site*Color*Side	1	307	307	307	0,13	0,726
Error	16	38720	38720	2420		
Total	23	345236				

S = 49,1934   R-Sq = 88,78%   R-Sq(adj) = 83,88%

```
Source             DF   Seq SS   Adj SS   Adj MS       F      P
Site                1   156413   156413   156413  149,63  0,000
Color               1     3768     3768     3768    3,60  0,076
Side                1    22996    22996    22996   22,00  0,000
Site*Color          1     2078     2078     2078    1,99  0,178
Site*Side           1    22638    22638    22638   21,66  0,000
Color*Side          1     2928     2928     2928    2,80  0,114
Site*Color*Side     1     3624     3624     3624    3,47  0,081
Error              16    16725    16725     1045
Total              23   231169
```

S = 32,3312   R-Sq = 92,77%   R-Sq(adj) = 89,60%

Análise de Variância Diagrama de Interacção de Factores: Comparações entre Sítio - Cor - Rosto

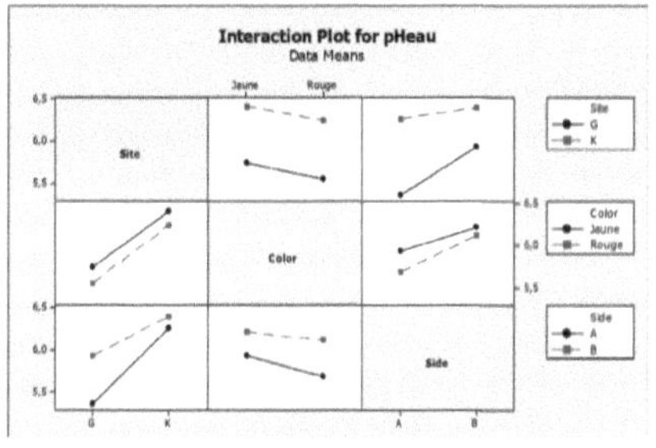

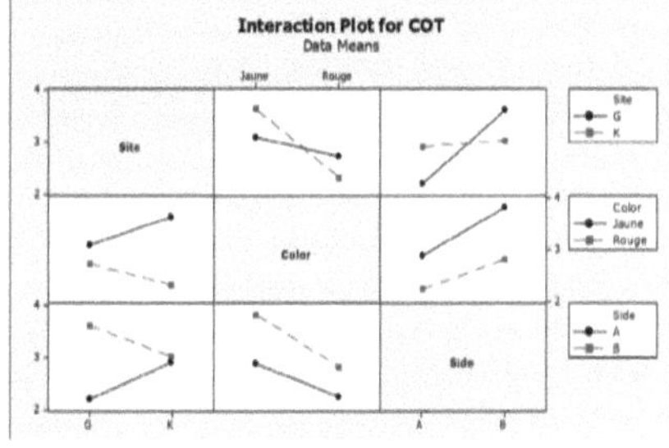

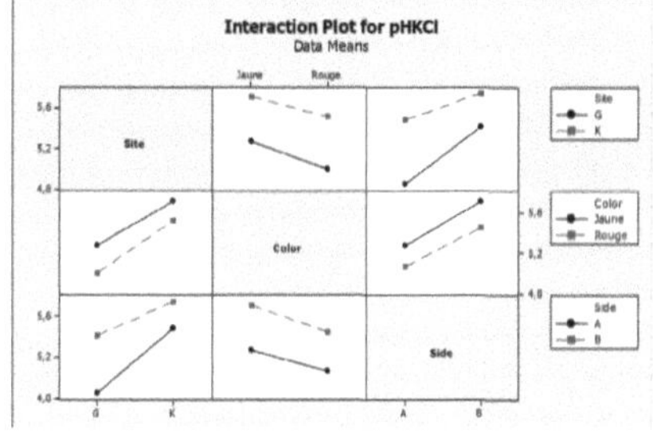

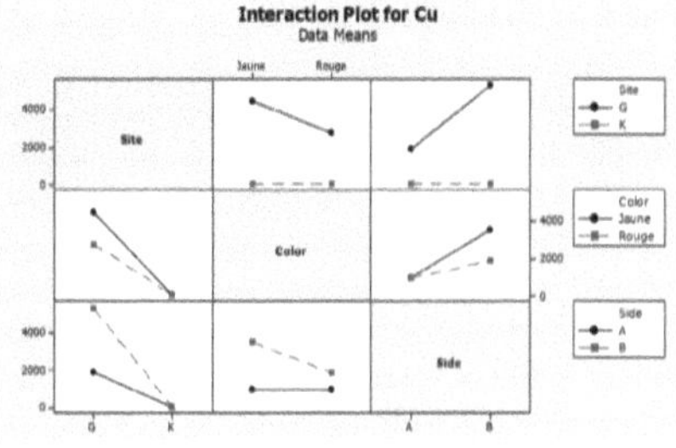

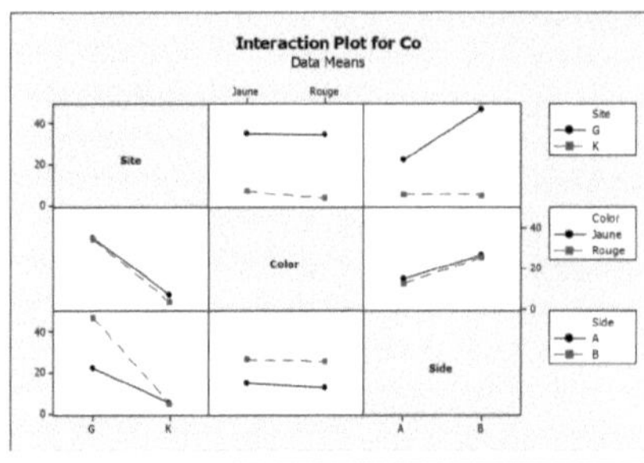

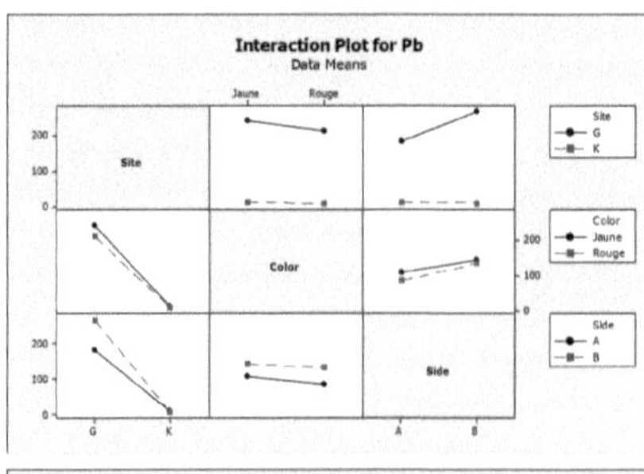

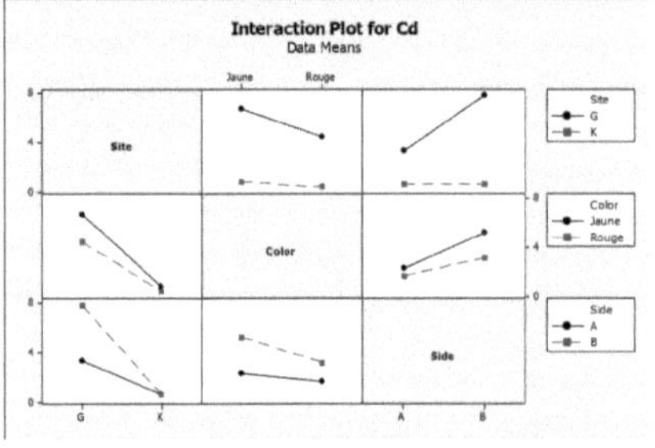

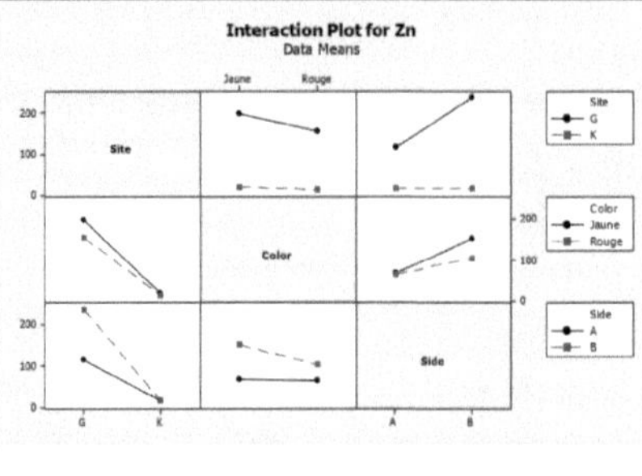

Anexo 2

ANOVA (Distância; Cor; Objecto): termiteira/solo

Modelo Linear Geral: pHágua; pHKCl; ... versus C1; C2; ...

```
Factor   Type   Levels  Values
C1       fixed      3   0 - 3; 10 - 12; 5 - 7
C2       fixed      2   JAUNE; ROUGE
C3       fixed      2   Sol; Termitière


Analysis of Variance for pHeau, using Adjusted SS for Tests

Source  DF   Seq SS    Adj SS    Adj MS      F       P
C1       2   3,11167   3,11167   1,55583   19,25   0,049
C2       1   1,47000   1,47000   1,47000   18,19   0,051
C3       1   0,65333   0,65333   0,65333    8,08   0,105
C1*C2    2   1,71500   1,71500   0,85750   10,61   0,086
C1*C3    2   0,07167   0,07167   0,03583    0,44   0,693
C2*C3    1   0,16333   0,16333   0,16333    2,02   0,291
Error    2   0,16167   0,16167   0,08083
Total   11   7,34667


S = 0,284312   R-Sq = 97,80%   R-Sq(adj) = 87,90%


Analysis of Variance for pHKCl, using Adjusted SS for Tests

Source  DF   Seq SS   Adj SS   Adj MS     F       P
C1       2   4,0950   4,0950   2,0475   4,40   0,185
C2       1   1,5408   1,5408   1,5408   3,31   0,211
C3       1   0,5208   0,5208   0,5208   1,12   0,401
C1*C2    2   2,6517   2,6517   1,3258   2,85   0,260
C1*C3    2   0,0417   0,0417   0,0208   0,04   0,957
C2*C3    1   0,0008   0,0008   0,0008   0,00   0,970
Error    2   0,9317   0,9317   0,4658
Total   11   9,7825


S = 0,682520   R-Sq = 90,48%   R-Sq(adj) = 47,62%


Analysis of Variance for COT, using Adjusted SS for Tests

Source  DF   Seq SS   Adj SS   Adj MS     F       P
C1       2   1,032    1,032    0,516    0,30   0,768
C2       1   0,101    0,101    0,101    0,06   0,831
C3       1   1,541    1,541    1,541    0,90   0,443
C1*C2    2   0,212    0,212    0,106    0,06   0,942
C1*C3    2   0,582    0,582    0,291    0,17   0,855
C2*C3    1   0,001    0,001    0,001    0,00   0,984
Error    2   3,422    3,422    1,711
Total   11   6,889


S = 1,30799   R-Sq = 50,33%   R-Sq(adj) = 0,00%


Analysis of Variance for Ca, using Adjusted SS for Tests

Source  DF   Seq SS    Adj SS    Adj MS      F        P
C1       2   20878,2   20878,2   10439,1   186,14   0,005
C2       1   14700,0   14700,0   14700,0   262,11   0,004
```

```
C3         1     456,3     456,3     456,3      8,14  0,104
C1*C2      2  21783,5   21783,5   10891,7    194,21  0,005
C1*C3      2   4000,2    4000,2    2000,1     35,66  0,027
C2*C3      1   2465,3    2465,3    2465,3     43,96  0,022
Error      2    112,2     112,2      56,1
Total     11  64395,7


S = 7,48888   R-Sq = 99,83%   R-Sq(adj) = 99,04%
```

Analysis of Variance for Mg, using Adjusted SS for Tests

```
Source  DF    Seq SS   Adj SS   Adj MS      F       P
C1       2    162,28   162,28    81,14   2,08   0,325
C2       1    189,61   189,61   189,61   4,85   0,159
C3       1    283,24   283,24   283,24   7,25   0,115
C1*C2    2    489,01   489,01   244,51   6,25   0,138
C1*C3    2    353,98   353,98   176,99   4,53   0,181
C2*C3    1     32,34    32,34    32,34   0,83   0,459
Error    2     78,18    78,18    39,09
Total   11   1588,65


S = 6,25227   R-Sq = 95,08%   R-Sq(adj) = 72,93%
```

Analysis of Variance for K, using Adjusted SS for Tests

```
Source  DF    Seq SS   Adj SS   Adj MS      F       P
C1       2    463,50   463,50   231,75   2,63   0,275
C2       1     52,08    52,08    52,08   0,59   0,522
C3       1     14,08    14,08    14,08   0,16   0,728
C1*C2    2    197,17   197,17    98,58   1,12   0,472
C1*C3    2     95,17    95,17    47,58   0,54   0,649
C2*C3    1     10,08    10,08    10,08   0,11   0,767
Error    2    176,17   176,17    88,08
Total   11   1008,25


S = 9,38527   R-Sq = 82,53%   R-Sq(adj) = 3,90%
```

Analysis of Variance for Fe, using Adjusted SS for Tests

```
Source  DF   Seq SS   Adj SS   Adj MS      F       P
C1       2   102865   102865    51433   5,60   0,152
C2       1    50440    50440    50440   5,49   0,144
C3       1    10680    10680    10680   1,16   0,394
C1*C2    2   166931   166931    83466   9,08   0,099
C1*C3    2     3196     3196     1598   0,17   0,852
C2*C3    1        0        0        0   0,00   1,000
Error    2    18382    18382     9191
Total   11   352495


S = 95,8684   R-Sq = 94,79%   R-Sq(adj) = 71,32%
```

Analysis of Variance for Mn, using Adjusted SS for Tests

```
Source  DF   Seq SS   Adj SS   Adj MS      F       P
C1       2     3674     3674     1837   1,83   0,354
C2       1      352      352      352   0,35   0,614
C3       1      200      200      200   0,20   0,699
C1*C2    2     1786     1786      893   0,89   0,530
C1*C3    2     1282     1282      641   0,64   0,611
C2*C3    1      520      520      520   0,52   0,547
```

```
Error     2    2010    2010    1005
Total    11    9824


S = 31,7030   R-Sq = 79,54%   R-Sq(adj) = 0,00%
```

Analysis of Variance for Cu, using Adjusted SS for Tests

```
Source  DF    Seq SS     Adj SS      Adj MS      F      P
C1       2  17106027   17106027    8553014   0,46   0,687
C2       1   2458885    2458885    2458885   0,13   0,752
C3       1   2495232    2495232    2495232   0,13   0,750
C1*C2    2   6262335    6262335    3131168   0,17   0,857
C1*C3    2   3603872    3603872    1801936   0,10   0,912
C2*C3    1   2728440    2728440    2728440   0,15   0,740
Error    2  37534900   37534900   18767450
Total   11  72189692


S = 4332,14   R-Sq = 48,01%   R-Sq(adj) = 0,00%
```

Analysis of Variance for Co, using Adjusted SS for Tests

```
Source  DF  Seq SS  Adj SS  Adj MS     F      P
C1       2    2034    2034    1017   0,50   0,665
C2       1      24      24      24   0,01   0,924
C3       1     397     397     397   0,20   0,701
C1*C2    2     405     405     203   0,10   0,909
C1*C3    2     151     151      76   0,04   0,964
C2*C3    1     225     225     225   0,11   0,770
Error    2    4031    4031    2015
Total   11    7267


S = 44,8941   R-Sq = 44,53%   R-Sq(adj) = 0,00%
```

Analysis of Variance for Zn, using Adjusted SS for Tests

```
Source  DF  Seq SS  Adj SS  Adj MS     F      P
C1       2   62341   62341   31171   0,72   0,580
C2       1     374     374     374   0,01   0,934
C3       1    2611    2611    2611   0,06   0,828
C1*C2    2     428     428     214   0,00   0,995
C1*C3    2     850     850     425   0,01   0,990
C2*C3    1    2730    2730    2730   0,06   0,825
Error    2   86061   86061   43031
Total   11  155395


S = 207,438   R-Sq = 44,62%   R-Sq(adj) = 0,00%
```

Analysis of Variance for Pb, using Adjusted SS for Tests

```
Source  DF  Seq SS  Adj SS  Adj MS     F      P
C1       2   92093   92093   46047   0,55   0,647
C2       1   30000   30000   30000   0,36   0,612
C3       1    1160    1160    1160   0,01   0,917
C1*C2    2   16194   16194    8097   0,10   0,912
C1*C3    2   30753   30753   15377   0,18   0,846
C2*C3    1   30401   30401   30401   0,36   0,609
Error    2  168785  168785   84393
Total   11  369388
```

S = 290,504   R-Sq = 54,31%   R-Sq(adj) = 0,00%

Analysis of Variance for Cd, using Adjusted SS for Tests

```
Source   DF  Seq SS  Adj SS  Adj MS     F      P
C1        2   18,30   18,30    9,15  0,57  0,637
C2        1    1,54    1,54    1,54  0,10  0,786
C3        1    3,52    3,52    3,52  0,22  0,685
C1*C2     2    1,78    1,78    0,89  0,06  0,947
C1*C3     2    1,42    1,42    0,71  0,04  0,958
C2*C3     1    0,91    0,91    0,91  0,06  0,834
Error     2   32,06   32,06   16,03
Total    11   59,53
```


S = 4,00344   R-Sq = 46,15%   R-Sq(adj) = 0,00%

Anexo 3

ANOVA experiência 1

Modelo Linear Geral: pHágua; pHKCl; ... versus C1; C2

```
Factor   Type    Levels   Values
C1       fixed        3   Gecamines; Géologie; Kassapa
C2       fixed        3   Bas; Haut; Milieu


Analysis of Variance for pHeau, using Adjusted SS for Tests

Source  DF   Seq SS   Adj SS   Adj MS      F      P
C1       2   0,04111  0,04111  0,02056   0,67  0,534
C2       2   0,23444  0,23444  0,11722   3,84  0,062
C1*C2    4   0,09222  0,09222  0,02306   0,75  0,580
Error    9   0,27500  0,27500  0,03056
Total   17   0,64278


S = 0,174801   R-Sq = 57,22%   R-Sq(adj) = 19,19%


Analysis of Variance for pHKCl, using Adjusted SS for Tests

Source  DF   Seq SS   Adj SS   Adj MS      F      P
C1       2   0,5411   0,5411   0,2706   1,33  0,311
C2       2   0,2711   0,2711   0,1356   0,67  0,536
C1*C2    4   1,5789   1,5789   0,3947   1,95  0,187
Error    9   1,8250   1,8250   0,2028
Total   17   4,2161


S = 0,450309   R-Sq = 56,71%   R-Sq(adj) = 18,24%


Analysis of Variance for COT, using Adjusted SS for Tests

Source  DF   Seq SS   Adj SS   Adj MS      F      P
C1       2    9,563    9,563    4,782   1,13  0,364
C2       2    3,790    3,790    1,895   0,45  0,652
C1*C2    4    2,317    2,317    0,579   0,14  0,964
Error    9   38,010   38,010    4,223
Total   17   53,680


S = 2,05508   R-Sq = 29,19%   R-Sq(adj) = 0,00%


Analysis of Variance for Cu, using Adjusted SS for Tests

Source  DF    Seq SS     Adj SS     Adj MS      F      P
C1       2  27998105   27998105   13999053   8,65  0,008
C2       2   4620835    4620835    2310418   1,43  0,289
C1*C2    4   9724542    9724542    2431135   1,50  0,280
Error    9  14561544   14561544    1617949
Total   17  56905026


S = 1271,99   R-Sq = 74,41%   R-Sq(adj) = 51,66%
```

Analysis of Variance for Co, using Adjusted SS for Tests

```
Source   DF   Seq SS   Adj SS   Adj MS      F      P
C1        2   2691,7   2691,7   1345,9  11,92  0,003
C2        2     30,3     30,3     15,1   0,13  0,876
C1*C2     4     77,4     77,4     19,4   0,17  0,948
Error     9   1015,8   1015,8    112,9
Total    17   3815,2
```

S = 10,6237   R-Sq = 73,38%   R-Sq(adj) = 49,71%

Analysis of Variance for Zn, using Adjusted SS for Tests

```
Source   DF   Seq SS   Adj SS   Adj MS      F      P
C1        2   154342   154342    77171  21,27  0,000
C2        2     2899     2899     1449   0,40  0,682
C1*C2     4     5630     5630     1407   0,39  0,812
Error     9    32659    32659     3629
Total    17   195529
```

S = 60,2393   R-Sq = 83,30%   R-Sq(adj) = 68,45%

Analysis of Variance for Pb, using Adjusted SS for Tests

```
Source   DF   Seq SS   Adj SS   Adj MS      F      P
C1        2    68218    68218    34109  29,92  0,000
C2        2     7058     7058     3529   3,10  0,095
C1*C2     4    14753    14753     3688   3,24  0,066
Error     9    10260    10260     1140
Total    17   100289
```

S = 33,7639   R-Sq = 89,77%   R-Sq(adj) = 80,68%

Analysis of Variance for Cd, using Adjusted SS for Tests

```
Source   DF   Seq SS   Adj SS   Adj MS      F      P
C1        2   167,47   167,47    83,74   8,28  0,009
C2        2     0,41     0,41     0,20   0,02  0,980
C1*C2     4     1,23     1,23     0,31   0,03  0,998
Error     9    91,06    91,06    10,12
Total    17   260,16
```

S = 3,18085   R-Sq = 65,00%   R-Sq(adj) = 33,89%

I want morebooks!

Buy your books fast and straightforward online - at one of world's fastest growing online book stores! Environmentally sound due to Print-on-Demand technologies.

Buy your books online at
www.morebooks.shop

Compre os seus livros mais rápido e diretamente na internet, em uma das livrarias on-line com o maior crescimento no mundo! Produção que protege o meio ambiente através das tecnologias de impressão sob demanda.

Compre os seus livros on-line em
www.morebooks.shop

Printed by Books on Demand GmbH, Norderstedt / Germany